EXPLOITATION
LÉGISLATION
CARRIÈRES

EXPLOITATION ET LÉGISLATION

DES

CARRIÈRES

EXPLOITATION ET LÉGISLATION

DES

CARRIÈRES

PAR

Julien LA RUELLE, O*

INGÉNIEUR CIVIL DES MINES

PARIS

BERGER-LEVRAULT ET Cie, LIBRAIRES-ÉDITEURS

5, rue des Beaux-Arts, 5

MÊME MAISON A NANCY

1887

PRÉFACE

Jusqu'à présent, bien peu d'exploitants de carrières connaissent la réglementation qui les régit et les obligations qui leur incombent. Ils sont tout étonnés le jour où ils reçoivent la visite de l'ingénieur des mines d'apprendre qu'ils sont soumis à une surveillance administrative et que leurs exploitations ne sont pas conformes à un règlement qu'ils ne connaissent pas et dont ils n'ont même, pour la plupart, jamais entendu parler.

Cela tient à deux causes :

La première, c'est que la réglementation n'existait pas d'une manière uniforme, et la seconde, que jamais un traité spécial sur la matière n'avait été publié.

Aujourd'hui qu'à la suite de nombreuses réclamations des conseils généraux motivées par les accidents dont les carrières sont chaque jour le théâtre, aujourd'hui, dis-je, qu'un règlement uniforme, basé sur le décret-type de réglementation des carrières, promulgué en 1879, a été adopté, on peut dire dans tous les départements, il m'a paru utile et même indispensable de publier cet ouvrage qui contient toutes les prescriptions relatives aux carrières et toutes les indications que la pratique m'a permis de reconnaître utiles à une bonne exploitation.

L'ouvrage que je publie est donc comme un manuel de l'exploitant de carrières. L'accueil que lui a fait le public spécial auquel il est destiné, et le grand nombre de souscriptions que j'ai recueillies avant même qu'il n'eût paru, m'ont prouvé surabondamment que j'ai atteint le but poursuivi et m'ont confirmé dans l'idée où j'étais, qu'un ouvrage de cette nature était indispensable.

Spécialement destiné aux exploitants des campagnes qui n'ont pas comme ceux des villes les facilités de se renseigner sur les règlements en vigueur, il leur rendra, je l'espère, de réels services, et j'aurai une fois de plus contribué à éviter à mes concitoyens une foule de contrariétés auxquelles les assujettit l'inobservance des règlements.

J. LA RUELLE, O ✻
Ingénieur civil des mines.

Nancy, septembre 1887.

PROPRIÉTÉ

Carrières.

On appelle CARRIÈRES le lieu d'extraction de toute substance naturelle propre aux constructions, aux arts, aux engrais, quand ces substances ne rentrent pas dans la classe des produits de mines ou minières.

Aux termes de la loi du 21 avril 1810, art. 4 :

« Les carrières renferment les ardoises, les grès, « pierres à bâtir et autres, les marbres, granits, pierres « à chaux, pierres à plâtre, les pouzzolanes, le strass, « les basaltes, les laves, les marnes, les craies, sables, « pierres à fusil, argiles, kaolin, terres à foulon, terres « à poterie, les substances terreuses et les cailloux de « toute nature, les terres pyriteuses regardées comme « engrais, le tout exploité à ciel ouvert, ou avec des « galeries souterraines. »

Cependant, il ne suit pas de là que les substances énumérées en l'article précité constituent seules la nomenclature des carrières. Il y a des substances minérales dont l'exploitation est considérée comme carrières bien que ces substances ne soient pas désignées nominativement en l'article 4 de la loi du 21 avril 1810.

Il y a d'ailleurs une jurisprudence qui consacre ce principe.

Ainsi, le Conseil d'État, statuant sur la question de concessibilité d'une exploitation de phosphate de chaux, a décidé que cette substance minérale n'est pas susceptible d'être concédée comme mine; d'autre part, le phosphate de chaux n'étant pas compris dans les variétés des substances désignées comme minières à l'article 3 de la loi de 1810, rentre nécessairement dans la classe des substances minérales classées comme carrières sous la désignation *Cailloux de toute nature.*

Seules, les substances dénommées en les articles 2 et 3 de la loi de 1813, ne peuvent être classées comme carrières, alors même qu'elles seraient exploitées à ciel ouvert. Cela résulte des termes de l'ordonnance du 19 juillet 1843, relative aux calcaires bitumineux de Seyssel (asphaltes) qui ont été maintenus dans la classe des mines en raison de ce que les bitumes sont portés à l'article 2.

Ce qui revient à dire, que les substances minérales sont *carrières* par leur nature, et non point par leur mode d'exploitation à ciel ouvert ou par galeries souterraines.

Propriété.

Toute carrière appartient en fait au propriétaire du fonds dans lequel elle se trouve, tant qu'il n'en a pas concédé l'exploitation.

Le propriétaire a le droit d'en user et disposer de la manière la plus absolue ; de la fouiller et de tirer de ces fouilles tous les produits qu'elles peuvent fournir ; mais il doit se conformer aux lois d'intérêt public et règlements sur la matière.

Il peut la léguer, la louer, la vendre, même en se réservant la propriété du terrain. Mais :

« *Toute cession du droit d'exploiter une carrière* « *moyennant un prix déterminé ou une portion du* « *produit net, est assujettie aux droits d'enregistre-* « *ment fixés pour les baux d'immeubles.* » (*Circu-* « *laire ministérielle du* 1er *mai* 1810). Cette cession n'est point considérée comme vente mobilière, mais bien comme un véritable bail.

Communauté. — Usufruit.

Les produits des carrières tombent dans la communauté pour tout ce qui en est considéré comme usufruit, conformément aux règles établies par le Code civil.

Si les carrières ont été ouvertes pendant le mariage, les produits n'en tombent dans la communauté que sauf récompense ou indemnité à celui des époux à qui elle pourra être due.

L'usufruitier jouit de la même manière que le propriétaire, des carrières qui sont en exploitation à l'ouverture de l'usufruit, mais il ne jouit d'aucun droit quant aux carrières *non ouvertes*.

Sont considérées comme *carrières ouvertes* non seulement celles dont l'exploitation est en activité, mais encore celles dont l'exploitation a été antérieurement commencée *par le propriétaire*, puis abandonnée ou interrompue.

Le fait d'avoir été précédemment l'objet d'une occupation temporaire ne constitue pas la carrière en état d'ouverture. (*Voir plus loin. Décision du Conseil d'État du* 21 *janvier* 1882.)

L'usufruitier jouit, comme le propriétaire lui-même, des droits de servitude, de passage, etc., mais il souffre de même les droits réciproques.

Si, pendant la durée de l'usufruit, un tiers commet quelque usurpation sur le fonds, ou attente autrement aux droits du propriétaire, l'usufruitier est tenu de le dénoncer à celui-ci ; faute de quoi, il serait responsable de tout le dommage qui en pourrait résulter pour le propriétaire.

Droits d'usage. — Prescription.

Les carrières, comme tous les objets de la propriété,

peuvent être atteintes par la prescription suivant qu'elle est acquise légalement.

De même, des droits d'usage peuvent, aussi bien que l'usufruit dont nous parlons plus haut, être conférés sur les carrières.

EXPLOITATION

Ouverture de carrière.

Tout propriétaire, avons-nous dit, a le droit d'ouvrir une carrière dans sa propriété, en en faisant la déclaration au Maire de la commune, et en se conformant pour tout le reste aux lois d'intérêt public et règlements sur la matière.

Les carrières se divisent en deux espèces :

1° Les *carrières à ciel ouvert;*

2° Les *carrières souterraines,* c'est-à-dire exploitées par puits ou galeries.

A la suite de nombreux accidents arrivés dans les carrières, et, sur le vœu de plusieurs Conseils généraux, le Gouvernement, voulant ramener à une réglementation uniforme les divers arrêtés pris par les Préfets pour l'exploitation des carrières de leurs départements, a promulgué, le 4 septembre 1879, un modèle de règlement presque partout appliqué aujourd'hui : nous le donnons plus loin.

Ce décret, ainsi que les arrêtés que peut prendre, lorsque la chose est nécessaire, le Préfet du département, sur l'avis de l'Ingénieur des mines, doivent être scrupuleusement suivis par les exploitants.

En cas d'ouverture de carrière souterraine, un arrêté préfectoral indiquant les mesures spéciales de précaution à observer est toujours pris pour chaque carrière.

Déclaration.

La déclaration prescrite par la loi du 27 juillet 1880 doit être faite, au plus tard, dans les quinze jours qui suivent le commencement des travaux.

Cette déclaration est exigible non seulement lorsqu'un propriétaire commence l'exploitation d'un gisement, mais elle doit être renouvelée quand, après avoir été abandonnée, l'exploitation est reprise de nouveau.

La déclaration se fait sur papier libre, en deux exemplaires, au Maire de la commune, conformément au modèle que nous donnons plus loin.

Quand elle renferme tous les renseignements exigés par la loi, le Maire l'accepte et il en donne récépissé. Sinon, il doit la faire rectifier ou compléter, avant de l'adresser au Préfet du département.

Cette déclaration doit contenir l'énonciation des nom, prénoms et demeure du déclarant, et la qualité en laquelle il entend exploiter la carrière. Faire connaître d'une manière précise, l'emplacement de la carrière et sa situation par rapport aux habitations, bâtiments et chemins les plus voisins. Enfin, indiquer la nature de la masse à extraire, l'épaisseur et la nature des substances qui la recouvrent, le mode d'exploitation, à ciel ouvert, ou par galeries souterraines.

Si l'exploitation doit avoir lieu par galeries souterraines, il est joint à la déclaration un plan des lieux également en deux expéditions et à l'échelle de *deux millimètres par mètre*[1].

Ce plan contient les désignations cadastrales et le périmètre du terrain sous lequel l'exploitant se propose d'établir des fouilles, ainsi que de ses tenants et aboutissants; les chemins, les édifices, canaux, rigoles et constructions quelconques existant sur ledit terrain dans un rayon de 25 mètres au moins; l'emplacement des orifices des puits ou galeries projetées.

Dans le cas où il existerait des travaux souterrains déjà exécutés, il en sera fait mention dans la déclaration, et ces travaux seront portés sur le plan.

Dans le cas où l'exploitation est entreprise par une Société n'ayant pas son siège dans la commune, ou par une personne étrangère à la localité, la demande devra porter une élection de domicile dans la commune.

Cette clause est absolument essentielle, car ce n'est qu'au représentant du propriétaire que, à son défaut,

1. Bien souvent nous avons vu des géomètres embarrassés au sujet des teintes conventionnelles à employer. Il est de toute évidence que l'on doit suivre l'usage général, et prendre les teintes adoptées par le ministère des travaux publics : Parties existantes, *noir;* travaux projetés, *carmin* ou *rouge;* travaux à démolir, *jaune.*

l'Ingénieur des mines peut faire ses observations sur l'état et le mode d'exploitation de la carrière.

Distances à observer.

Aucune carrière à ciel ouvert ou souterraine ne peut être ouverte ou poursuivie que jusqu'à une distance horizontale de dix mètres au moins des bâtiments et constructions quelconques publics ou privés, des routes ou chemins, cours d'eau, canaux, fossés, rigoles, conduites d'eau, mares et abreuvoirs servant à l'usage public [1].

Cette distance s'applique seulement aux travaux faits à la surface, et les tribunaux saisis pour dérogation à cette prescription, sont sans compétence pour s'occuper du mode d'exploitation intérieure, ils doivent se borner à prescrire la fermeture superficiaire des puits et galeries indûment ouverts. Ainsi décidé par arrêt du Conseil d'État, que nous reproduisons plus loin, le 5 mars 1884.

La distance fixée ci-dessus devra être augmentée :

1° Pour les *carrières souterraines*, de 1 mètre par chaque mètre de profondeur de l'exploitation ;

2° Pour les *carrières à ciel ouvert*, de 1 mètre par chaque mètre d'épaisseur des terres de recouvrement,

1. Toutefois nous devons faire remarquer que cette distance de dix mètres ne s'applique pas aux murs autres que les murs d'enceinte des cimetières ou des cours attenant aux maisons d'habitation.

s'il s'agit d'une masse solide, ou de 1 mètre par chaque mètre de profondeur totale de la fouille, si cette masse par sa cohésion est analogue à ces terres de recouvrement, tels que par exemple, les sables, les marnes, etc.

En outre, en raison de la consistance des terres de recouvrement et de la masse exploitée elle-même, la distance prescrite peut être augmentée par le Préfet du département, sur le rapport de l'Ingénieur des mines.

Elle peut, de même, être diminuée sur la demande de l'exploitant, sauf en ce qui concerne les propriétés privées.

Le Préfet statue sur le rapport de l'Ingénieur des mines après avoir pris l'avis : du Service des ponts et chaussées, s'il s'agit du domaine national ; de l'Agent voyer en chef, s'il s'agit du domaine départemental ; du Maire, s'il s'agit du domaine communal.

En ce qui concerne les propriétés privées, la distance peut être réduite, par le fait seul du consentement préalable du propriétaire intéressé.

Ce consentement devra toujours être donné par écrit afin d'éviter des contestations ultérieures. L'exploitant en donnera avis à l'Ingénieur des mines afin qu'il soit prévenu lors de ses visites.

Extraction.

L'extraction dans les carrières est sujette à différentes méthodes ou à des préceptes divers, suivant qu'elles sont *à ciel ouvert* ou *souterraines*.

Nous allons examiner séparément chacun de ces deux genres de carrières, en indiquant les mesures que la pratique nous a permis de reconnaître comme les meilleures.

Carrières à ciel ouvert.

Aucune méthode déterminée n'est prescrite par la nouvelle réglementation au sujet de l'extraction dans les carrières à ciel ouvert.

Les modes d'extraction varient autant que la nature des substances exploitées.

La pratique que nous avons acquise dans la surveillance des carrières et l'étude spéciale que nous avons faite de la question, nous a permis de recommander comme prudent et même utile de se conformer aux indications suivantes.

1° Le découvert devra toujours être en avancement de dix mètres au moins sur le front d'exploitation, avec une inclinaison de 45°.

2° La masse à exploiter sera coupée en retraite, par banquettes de deux mètres de hauteur au plus et de six à huit mètres de largeur, avec une inclinaison de 45°, dans les masses de peu de cohésion.

Il est assez difficile de ramener à cette méthode une carrière dont l'exploitation est déjà avancée, mais nous ne saurions trop recommander aux exploitants de s'y conformer pour toutes les carrières à ouvrir où dont on reprend l'exploitation interrompue. Dans ce dernier cas, des travaux préparatoires de désobstruction ou de déblaiement étant toujours nécessaires.

Les frais de main-d'œuvre ne sont nullement augmentés par ce système, et c'est un moyen pratique d'éviter infailliblement un grand nombre d'accidents. Le plus souvent ils n'ont pas grande importance, mais parfois ils peuvent devenir excessivement sérieux.

Dans les sablières, marnières, carrières d'argile, et en général, dans toutes les carrières dont la masse est mouvante, il convient de ne pas exploiter à pic mais de laisser à la masse sinon son inclinaison naturelle, tout au moins une inclinaison de 45°.

Les banquettes seront toujours commencées par le haut, condition facile à remplir, puisqu'il suffit qu'elles aient 6 à 8 mètres de largeur. Cet espace est largement suffisant pour le service des chargeurs et des rouleurs.

3° La méthode par sous-cave ou éboulement doit être formellement interdite aux ouvriers.

C'est surtout ce mode d'exploitation employé presque partout, qui est la cause la plus fréquente des accidents journellement constatés dans les carrières.

Ou bien les ouvriers font une cavité de 2, 3 mètres et quelquefois plus, puis, à l'aide d'un ou plusieurs pieux enfoncés au maillet, ils détachent et font tomber la partie en surplomb. Ou bien, pendant que les uns sous-cavent, un ouvrier debout à la surface surveille le sol et les crevasses qui se produisent toujours. Lorsque celles-ci sont assez prononcées pour faire prévoir la chute imminente de la masse il crie à ses camarades de se garer.

Dans l'un et l'autre cas, les dangers sont excessivement grands, car il arrive fréquemment que la masse, se désagrégeant tout à coup, ensevelit les ouvriers imprudents.

Le mode de sous-cave est, nous le répétons, la cause du plus grand nombre des accidents de carrières.

4° Même dans les exploitations de consistance rocheuse et dont la masse a une grande cohésion, il ne devra jamais exister sur le front de taille, aucune partie en surplomb, si petite soit-elle.

Les ouvriers se portent toujours garants de la sûreté de leur carrière. Ils certifient constamment, lors des visites, qu'aucun danger n'est à craindre, et, à chaque instant, l'un ou l'autre est victime de sa trop grande confiance.

Les propriétaires ou chefs d'exploitation ne sauraient trop exiger l'exécution des mesures de précaution que nous venons d'indiquer.

Nous garantissons qu'en observant ces indications, ils auront une sécurité presque absolue dans leurs exploitations, et qu'ils amèneront dans la moyenne des accidents constatée jusqu'à ce jour dans les carrières, une diminution des deux tiers.

Ils pourront aussi, et nous le leur recommandons tout particulièrement, pour assurer l'exécution des règlements, passer avec leurs tâcherons une convention dans le genre de celle que nous donnons plus loin.

Carrières souterraines.

L'exploitation des carrières souterraines, pour tout ce qui concerne la sûreté des ouvriers et du public, notamment pour les moyens de consolidation de puits, galeries et autres excavations, la disposition et les dimensions des piliers de masse, les précautions à prendre pour prévenir les accidents, etc., est réglée par des arrêtés préfectoraux sur le rapport du service des mines.

Ces prescriptions varient suivant la nature des exploitations et les départements, nous n'en dirons donc que peu de mots.

Les propriétaires ou exploitants de carrières trouveront près de l'Ingénieur des mines de la circonscription, tous les renseignements à cet égard, dont ils auront besoin.

Les carrières souterraines peuvent être divisées en : *carrières souterraines proprement dites,* et en *exploitations souterraines.*

1° Carrières souterraines proprement dites.

Les carrières souterraines proprement dites sont les exploitations qui doivent avoir une longue durée parce qu'elles ont pour objet l'extraction de masses compactes dont le banc a une grande étendue et une forte épaisseur, telles par exemple que les pierres à bâtir, les marbres, les ardoises, etc.

Ces carrières sont exploitées par galeries avec ou sans puits. Les travaux de consolidation sont presque nuls, parce que la couche exploitée ayant une grande cohésion, il suffit de laisser de distance en distance des piliers qui maintiennent le toit et empêchent l'affaissement des couches de recouvrement.

En thèse générale, pour que ces exploitations soient *à peu près* exemptes de danger, il faut que :

La surface occupée par les piliers de consolidation soit au moins égale au quart de la surface totale du terrain exploité.

2° Exploitations souterraines.

Par exploitations souterraines, on entend l'extraction de substances friables dont les gisements ayant peu d'importance ne demandent qu'une installation de courte durée.

Dans ces substances, on peut ranger les kaolins, les nodules de chaux phosphatée, autrement dits phosphate de chaux, etc.

Les gisements de cette nature se trouvent, le plus souvent, à une profondeur qui varie entre 1 et 10 mètres. Au delà de cette profondeur, l'exploitation n'en est guère fructueuse.

Ils sont exploités par puits et galeries dont la durée est presque toujours limitée.

Voici, à notre avis, les plus simples et les meilleures règles à suivre pour ces exploitations.

1° Il y aura toujours deux puits en communication, afin de faciliter le sauvetage en cas d'événements imprévus. L'un de ces puits sera pourvu d'une échelle pour la descente des ouvriers.

2° Les puits devront avoir au moins $0^{m},80$ de diamètre, et leurs parois seront maintenues par des cuvelages suffisants. Leur durée ne devra pas excéder un mois. Ils seront ensuite complètement remblayés.

3° Les galeries principales partant du puits n'auront pas plus de 10 mètres de longueur, sur $1^{m},50$ de largeur et 1 mètre de hauteur.

Elles seront boisées par des cadres espacés d'un mètre au plus ; des palplanches seront posées partout où le toit et la paroi ne paraîtront pas assez solides.

4° L'exploitation ne devra jamais être commencée ou poursuivie dans les puits où se produiraient des infiltrations d'eau.

5° L'exploitant devra toujours se conformer aux instructions qui pourront lui être données par l'Ingénieur des mines au sujet de la conduite des travaux.

Abandon de carrière souterraine.

Aux termes de la loi, tout propriétaire qui abandonne l'exploitation d'une *carrière souterraine proprement dite*, ou qui cesse totalement dans une commune l'extraction de substances nécessitant une *exploitation souterraine*, est tenu d'en faire la déclaration à la préfecture, par l'intermédiaire du maire de la commune où est située cette carrière ou cette exploitation.

Le Préfet fait reconnaître les lieux et ordonne les mesures propres à prévenir tout accident.

Il importe donc que les exploitants se conforment scrupuleusement à cette prescription absolument de rigueur, car leur responsabilité reste engagée jusqu'au jour où la reconnaissance des lieux a été effectuée.

En cas d'accidents avant que cette déclaration ne soit faite, leur négligence à se conformer à cette obligation pourrait entraîner des conséquences pécuniaires excessivement sérieuses.

Plan des carrières souterraines.

Au moment de la déclaration d'exploitation de carrière souterraine, le propriétaire, comme nous l'avons dit, est tenu de fournir un plan de son exploitation.

Il sera prudent de tenir ce plan constamment à jour et d'adresser tous les ans au service d'inspection des mines du département, par l'intermédiaire de la préfecture, toutes les modifications apportées à ce plan dans le courant de l'année.

Il peut arriver, en effet, que l'Ingénieur des mines éprouve le besoin d'avoir une copie de ce plan entre les mains. S'il n'existe pas ou qu'il soit incomplet, le Préfet peut requérir l'exploitant de lever ou compléter le plan de sa carrière.

En cas de refus ou de négligence par l'exploitant d'obtempérer à cette réquisition dans le délai qui lui aura été fixé, le plan est levé d'office, à ses frais, à la diligence de l'administration, par l'Ingénieur des mines.

Nous n'insisterons pas sur la nécessité de ce plan qui nous paraît toute démontrée, car c'est par ce moyen seul que l'exploitant est certain de ne pas empiéter sur les propriétés voisines ;

— Que l'administration peut assurer sous tous les rapports la sécurité dans l'exploitation ;

— Enfin, que les tribunaux peuvent être à même de prononcer dans les contestations ou les procès qui leur sont déférés.

Les carrières exploitées par puits et galeries ne peuvent être utilement visitées sans un plan. Or une surveillance efficace leur est absolument nécessaire.

Il faut qu'à tout moment, le service de surveillance puisse : empêcher les atteintes qui peuvent être par mégarde portées aux droits des propriétaires voisins ; empêcher que la sûreté des ouvriers ne soit compromise par un mode défectueux d'exploitation ; s'opposer à l'absorption ou à la disparition des eaux superficielles nécessaires aux besoins des communes et des particuliers.

La proximité où les carrières souterraines sont de la surface, les rend susceptibles de beaucoup plus d'inconvénients et de dangers bien plus fréquents que les travaux de mines exploitées en profondeur et qui cependant exigent tant de prudence et de connaissances pratiques.

Il sera bon que chaque puits ou chaque galerie reçoive un nom ou un numéro d'ordre. Noms et numéros reportés sur le plan, permettront à l'Ingénieur des mines de se reconnaître à chaque point de l'exploitation.

Le plan annuel enfin, qui ne sera que la continuation de celui joint dans le principe à la déclaration, devra toujours être exécuté à l'échelle de deux millimètres par mètre.

Clôture des carrières.

Toute carrière située dans un terrain non clos doit être entourée d'une clôture offrant des conditions suffisantes de solidité.

Ces clôtures varient suivant les localités et suivant la nature des extractions.

Le type de règlement ne prescrit la clôture que pour les endroits dangereux. Il nous semble non seulement utile mais même nécessaire de garantir complètement l'abord d'une carrière.

Si les terres de recouvrement ont peu d'épaisseur, et que l'exploitation soit poussée à une faible profondeur, le danger sera moins sérieux que dans le cas d'une grande profondeur, mais il n'en existera pas moins. Or, comme dans le cas d'un accident, et nous avons été appelé à en constater dans les petites carrières de $1^{m},50$ de profondeur, les tribunaux admettent toujours que l'endroit était dangereux puisqu'il a causé un accident, il est bien plus sage de prévenir le danger et de ne pas s'exposer à des dommages-intérêts souvent fort élevés envers une victime, outre la contravention qui, dans ce cas, en est toujours la conséquence.

A notre avis, il est utile, dans le cas d'exploitation ou d'ouverture de carrière, non seulement de garantir, ou plutôt d'enfermer par une clôture l'endroit de la carrière elle-même, mais encore de clôturer tout le terrain qui doit être fouillé. De cette façon on évitera l'obligation, certainement onéreuse, de déplacer la clôture au fur et à mesure de l'avancement des travaux et l'on sera certain qu'elle existera jusqu'à l'achèvement de l'exploitation.

Aux termes du décret-type, est réputé clôture, un fossé creusé au pourtour de la carrière, fossé dont les déblais sont rejetés du côté des travaux pour y former une berge.

Ce fossé, pour constituer une défense suffisante, nous paraît devoir réunir les conditions suivantes: avoir au moins 80 centimètres de profondeur sur 50 centimètres à la base, les côtés ayant une inclinaison de 45 degrés.

Les clôtures en bois sont sujettes à un bris ou à une détérioration facile ; il en est de même de celles en fil de fer, aussi estimons-nous que dans les pays où l'on exploite la pierre et les substances solides, il est préférable de faire construire, une fois pour toutes, un mur en pierres sèches de 80 centimètres de hauteur ayant 50 centimètres d'épaisseur à la base.

On nous a bien souvent consulté à ce sujet et c'est ce système que nous préconisons toujours : ceux qui ont suivi notre conseil ont reconnu l'avantage du mur en pierres sèches sur toute espèce de clôture. Ces murs en effet, une fois construits, durent pendant tout le temps nécessaire à l'exploitation et le prix de revient n'en est pas plus élevé que pour tout autre système de clôture.

La loi rend la clôture également obligatoire pour les carrières abandonnées. Les travaux de clôture et d'entretien sont dans ce cas à la charge du propriétaire du fonds dans lequel la carrière est située, sauf cependant pour lui, pour le premier établissement, la possibilité de recourir contre qui de droit.

Les orifices des puits verticaux ou des plans inclinés donnant accès dans les carrières souterraines doivent, comme les carrières à ciel ouvert, être munis d'une clôture, à moins que leurs abords ne soient suffisamment garantis par l'agglomération des déblais et l'élévation de leur plate-forme.

La meilleure clôture pour les puits est évidemment le mur en pierre sèche.

Le manque de clôture est l'objet d'un procès-verbal de contravention que les Maires peuvent toujours éviter à leurs administrés, si, quand ceux-ci l'ignorent, ils les préviennent de cette obligation.

Tirage à la poudre.

Le contremaître devra être spécialement chargé du tirage à la poudre et de la conservation des cartouches, mèches, etc.

Il remettra lui-même ces objets aux ouvriers chargés de les utiliser et ne leur en fera la distribution qu'au fur et à mesure de leur emploi.

Les bourroirs en fer sont absolument interdits. Les bourroirs doivent être sinon en bois, du moins avoir à leur extrémité une longueur en bronze d'au moins 30 centimètres.

Les bourres devront être en terre grasse, et préparées

ou du moins faites soigneusement avec des substances ne contenant ni grès, ni quartz, ni silex. Elles devront autant que possible être préparées par le contremaître lui-même ou par un ouvrier intelligent chargé spécialement de ce travail. Il n'en sera fait d'avance que la quantité nécessaire pour la journée et elles devront être constamment tenues légèrement humides.

La poudre sera remise aux ouvriers seulement en cartouches enveloppées de papier. Elle ne sera jamais versée dans le trou de mine, mais descendue dans sa cartouche et celle-ci devra être pressée doucement avec le bourroir.

On ne devra jamais essayer de débourrer un coup raté, ni retirer une cartouche engagée qui ne peut avancer librement. Le trou devra être aussitôt noyé et le nouveau ne devra pas être percé à moins de vingt centimètres de distance du premier.

Les trous étant bourrés, ce sera le même ouvrier qui placera la mèche et y mettra le feu.

On ne devra pas revenir sur une mine ratée, isolée, ou faisant partie d'une série de coups, sans avoir laissé écouler un délai d'une heure au moins.

Au moment du tirage des coups de mines, on fera garder les chemins pour en interdire le passage dans un rayon de 100 mètres.

Les mines seront elles-mêmes autant que possible recouvertes de fascines, et tous les ouvriers devront être éloignés à une distance de 100 mètres au moins.

Tirage à la dynamite.

Nous ne pouvons mieux faire pour ce sujet que de reproduire en son entier la note qu'a élaborée en 1886 le Conseil général des mines, relativement aux mesures de précautions à observer dans l'emploi de la dynamite. Nous y joignons la circulaire ministérielle qui l'accompagne.

« *Monsieur le Préfet,*

« *Justement préoccupé des accidents causés dans les mines et carrières par l'emploi de la dynamite, le Conseil général des mines a pensé qu'il était du devoir de l'Administration d'aviser aux moyens de prévenir ces accidents.*

« *Conformément à l'avis du Conseil, j'ai décidé qu'il y avait lieu d'inviter les exploitants, faisant usage de cette substance explosible, à recommander, pour son emploi, les précautions nécessaires en vue de la sécurité, par des ordres de service qui devraient être constamment affichés à l'intérieur des exploitations. Ces ordres de service seraient basés, suivant les circonstances locales, sur les principes exposés dans une note que le Conseil a élaborée.*

« *Vous trouverez ci-joints un certain nombre d'exemplaires de cette note, destinés à être adressés par vous aux principaux exploitants de votre département; il y aura lieu de l'insérer dans le Recueil des actes administratifs, et, suivant les circonstances que vous apprécierez, d'assurer sa publicité par la voie des affiches.*

« *En ce qui concerne particulièrement les mines souterraines de quelque importance, il conviendra, afin de donner aux règlements intérieurs relatifs à l'emploi de la dynamite une sanction pénale, en dehors des cas d'accident, que les règlements préparés à cet effet par les exploitants soient soumis par ceux-ci à l'approbation préfectorale. Les ingénieurs auront à provoquer, au besoin, l'application de cette dernière mesure.*

« *Enfin, vous voudrez bien avertir tous les exploitants de mines et de carrières qu'ils engageraient gravement leur responsabilité et s'exposeraient à des poursuites, en cas d'accident, s'ils négligeaient de se conformer aux mesures de précaution qui leur sont indiquées, et de les porter à la connaissance de leurs ouvriers.*

« *J'adresse aux ingénieurs des mines un exemplaire de la présente circulaire, dont je vous prierai de m'accuser réception en me renvoyant le récépissé ci-inclus.*

« *Recevez, Monsieur le Préfet, l'assurance de ma considération la plus distinguée.*

« Le Ministre des travaux publics,

« Signé : H. VARROY. »

Note sur les précautions relatives à l'emmagasinement et à l'emploi de la dynamite.

Emmagasinement.

« Le dépôt où est emmagasinée la dynamite doit être construit de manière que les cartouches soient, autant que possible, à l'abri de la gelée en même temps que de l'humidité.

« En aucun cas les capsules amorces ne seront conservées dans le même local que la dynamite.

« Les cartouches ne doivent être remises aux ouvriers que dans un état parfaitement normal et n'ayant, autant qu'il se pourra, que moins de dix-huit mois d'emballage. Il est particulièrement interdit de délivrer de la dynamite gelée. La remise de la dynamite ne devra, d'ailleurs, être faite que par petites quantités, au fur et à mesure des besoins.

« Dans les travaux à ciel ouvert, il conviendra que les cartouches soient enveloppées de substances non conductrices, afin de ne pas être exposées à geler en attendant leur emploi.

Emploi.

« Les cartouches seront tenues, par les ouvriers auxquels elles auront été délivrées, à l'abri de la gelée, de l'humidité et de tout danger de feu par le voisinage de lampes, etc. Elles seront séparées de tout approvisionnement d'amorces, lesquelles devront être placées à un intervalle de cinq mètres au moins.

« Lorsqu'elles seront en certaine quantité, elles devront être conservées dans des boîtes en bois, munies d'un couvercle maintenu fermé par son propre poids, et fixées, autant que possible, contre les cadres de boisage des galeries dans les ouvrages souterrains; elles devront être tenues tout au moins à l'abri des chocs directs de l'air, dans tous les cas, à l'abri des éboulements et particulièrement de ceux qui pourraient résulter de l'explosion des coups de mines.

« Il doit être formellement interdit :

« 1° D'employer des cartouches gelées ou incomplètement dégelées ;

« 2° De chercher à ramollir des cartouches durcies par le froid en les exposant directement au feu, en les plaçant devant des cheminées, sur des poêles, sur des cendres chaudes, etc., en les mettant dans l'eau, à cause de la détérioration dangereuse qui peut en résulter pour la matière qui les compose.

« Les cartouches suspectes doivent être remises aux surveillants, qui les feront dégeler dans des vases spéciaux au bain-marie tiède ; ou mieux, par un séjour prolongé dans des espaces clos, à température douce et constante, sans intervention directe d'aucun foyer. Dans ce dernier cas, ces dépôts qui ne devraient jamais contenir plus de cinq kilogrammes de dynamite correspondraient à la 3e des catégories établies par l'article 16 du règlement d'administration publique du 24 août 1875 et seraient soumis aux mêmes formalités d'autorisation ;

« 3° De chercher à briser ou à couper des cartouches ainsi gelées totalement ou partiellement ;

« 4° D'amorcer plus de cartouches qu'on ne doit en utiliser immédiatement et de conserver des cartouches amorcées.

« (Toute cartouche amorcée et non utilisée doit être séparée de son amorce et mise en lieu sûr. Si une cartouche amorcée est gelée, elle ne devra être désamorcée qu'après avoir été dégelée avec les précautions voulues) ;

« 5° D'employer des bourroirs en fer ou en métal pour le chargement des coups de mines et de procéder par chocs au bourrage ;

« 6° D'introduire dans la charge d'autre cartouche amorcée que la cartouche amorce proprement dite, laquelle doit être placée au-dessus de cette charge avec un soin particulier ;

« 7° De revenir sur une mine ratée, qu'elle soit isolée ou fasse partie d'une série de coups, sans avoir laissé écouler un délai d'une heure au moins, et, dans tous les cas, de chercher à débourrer un coup raté pour en retirer les cartouches.

« Les trous faits en remplacement des coups ratés doivent être placés à une distance des premiers telle qu'il existe au moins vingt centimètres d'intervalle dans tous les sens entre l'ancienne charge et la nouvelle, cette distance devant être augmentée s'il y avait lieu de craindre que la nitro-glycérine ne se fût répandue dans la roche, à travers des fissures.

« On devra se défier de l'emploi de la poudre dans les trous de mines pour faire détonner la dynamite, dont l'explosion peut ainsi n'être pas déterminée d'une manière franche et complète.

« En cas de tirage à l'électricité, la manivelle des machines électriques statiques sera toujours entre les mains du chef de poste préposé au tirage, qui ne la mettra en place qu'au moment d'allumer les coups.

« Les dépôts d'explosifs seront séparés des locaux où sont placés les générateurs d'électricité. »

Ces prescriptions ont une importance capitale et ils engageraient gravement leur responsabilité, en s'exposant à des poursuites sérieuses en cas d'accident, les exploitants de carrières qui négligeraient de s'y conformer, ou qui, le cas échéant, ne les porteraient pas à la connaissance de leurs ouvriers, en négligeant de les afficher dans l'intérieur des chantiers.

Patentes.

L'exploitation des carrières à ciel ouvert ou souterraines est soumise à l'obligation de la patente. Les exploitants de carrières sont classés dans la 5e partie du tableau C annexé à la loi sur les patentes du 15 juillet 1880.

La patente comporte un droit proportionnel et un droit fixe.

Le droit proportionnel est de un vingtième sur la maison d'habitation seulement.

Le droit fixe est de cinq francs (5 fr.) pour tout exploitant, plus 2 fr. 50 par ouvrier, quand bien même la carrière est exploitée par un propriétaire dans un fonds lui appartenant. La loi considère, en effet, les produits des carrières, fruits du sol par leur nature et leur mode d'exploitation, comme les produits particuliers résultant d'une industrie. Ainsi décidé par l'ordonnance du 30 mars 1846, relative au sieur Ducombe.

Cependant, une autre ordonnance du 6 décembre 1844 pose ce principe, qu'un propriétaire exploitant accidentellement des pierres dans son terrain, sans en faire sa profession habituelle, n'est pas sujet à patente.

Enfin, un ouvrier travaillant seul à une carrière, sans aide d'aucune sorte, est exempté de la patente (décret du 29 décembre 1871, Viendries).

Est considéré comme acte de commerce, et donnant lieu à patente, le fait par un propriétaire et un tiers principal chargé de l'entreprise, d'exploiter une carrière et d'en vendre les produits.

La patente, c'est-à-dire le fait pour un propriétaire d'être imposé comme carrier, ne le dispense pas de faire la déclaration de ses carrières prescrite par la loi du 27 juillet 1880.

C'est une erreur dans laquelle les exploitants tombent bien souvent. La déclaration n'a absolument rien de commun avec la patente et n'a jamais pour but de provoquer celle-ci.

Travail des enfants et filles mineures dans les carrières.

La loi du 19 mai 1874, sur le travail des enfants et filles mineures employés dans l'industrie, ainsi que tous les règlements promulgués sur le même objet et que nous donnons plus loin, sont applicables dans les carrières.

Il est absolument interdit de laisser travailler les femmes ou filles dans les carrières souterraines.

Dégradations aux chemins vicinaux.

Aux termes de la loi du 21 mai 1836, des subventions peuvent être réclamées annuellement aux exploitants de carrières, pour les dégradations que leurs charrois causent aux chemins vicinaux.

Toute commune peut réclamer cette subvention quand ses chemins sont dégradés par le fait d'une exploitation de carrière, alors même que cette carrière ne serait pas située sur son territoire.

Pour les chemins de grande communication, la subvention est réclamée par le Préfet, et le montant des subventions ne peut être employé que pour la réfection du chemin qui y a donné lieu.

Toutefois, un abonnement remplaçant ces subventions, peut être accordé à l'exploitant.

Les subventions sont fixées annuellement par une délibération des Conseils municipaux.

Pour qu'elles soient exigibles, il faut que les dégradations se produisent dans une proportion beaucoup plus forte que l'usage qu'en font les habitants. Il n'est pas nécessaire qu'un procès-verbal d'état de lieux ait été dressé avant l'année pour laquelle la subvention est réclamée, il suffit que le Conseil ait des éléments d'appréciation des dommages causés. Il ne faut pas dans ce cas que les Conseils municipaux oublient que le dommage *extraordinaire* donne *seul* droit à une réparation et qu'il y a lieu pour eux, en établissant la subvention à réclamer, de tenir compte des dégradations causées aux voies de communication, par les habitants de la commune, à l'occasion de leurs travaux agricoles ou de leurs besoins domestiques, en même temps que des usures produites aux chemins par tous les autres transports ou passages.

Les agents voyers chargés de l'entretien des chemins, ceux même qui ont dressé l'état des subventions à réclamer ou toute personne compétente peuvent être nommés experts.

Ajoutons que la subvention est due quand bien même l'exploitant n'opère pas lui-même le transport des matériaux extraits de sa carrière.

En cas de conventions entre l'exploitant et la commune, les tribunaux administratifs, c'est-à-dire, le Conseil de Préfecture cesse d'être compétent, l'affaire ressortit alors de la juridiction civile.

Il est bon d'ajouter que la subvention étant due et devant être réglée annuellement, des conventions ne peuvent être valables pour plusieurs années et cela dans l'intérêt même de la commune.

Dans le cas où les deux parties contractantes voudraient s'engager pour plusieurs années, le montant des conventions deviendrait un véritable *abonnement* et les conventions devraient être réglées dans cette forme suivant les règles administratives.

Le montant des conventions est recouvré par le Percepteur ou les agents du Trésor, comme en matière de contributions directes.

Surveillance.

La surveillance des carrières, à ciel ouvert ou souterraines, se fait, sous l'autorité du Préfet du département, par le Service des mines, les Maires et autre officiers de police municipale.

L'exploitation des carrières souterraines est plus spécialement surveillée par les Ingénieurs des mines.

Ces fonctionnaires dressent des procès-verbaux de leurs visites.

Ils laissent, s'il y a lieu, au Maire de la commune qui les remet aux intéressés, des instructions écrites pour la conduite des travaux, la meilleure possible au double point de vue de la sécurité ou de la salubrité. Une copie de ces instructions est adressée au Préfet.

Les Ingénieurs des mines signalent de plus au Préfet, les modes d'exploitation reconnus vicieux et de nature à compromettre la sécurité publique; les abus qu'ils ont remarqués dans leurs visites; en même temps, ils indiquent dans leurs rapports les mesures qu'ils reconnaissent utiles à l'intérêt général.

L'action du service des mines sur les exploitations de carrières est réduite aux plus simples termes, elle est limitée par le strict besoin de la Société.

Les Ingénieurs des mines portent partout des lumières et des conseils : ils n'imposent aucune loi et n'exercent aucune contrainte sur la direction des travaux. Leur action se borne à prévenir les accidents, parer aux dangers, pourvoir à la conservation des propriétés et surtout à la sûreté des individus.

Ils éclairent les propriétaires et l'administration par les remarques que la pratique leur a permis de faire; ils recherchent les faits et se bornent à constater les contraventions.

Le droit de statuer est réservé aux tribunaux ou à l'administration seule :

1° *Aux tribunaux*, dans tous les cas de contraventions aux lois : eux seuls peuvent prononcer des condamnations. Aussi la crainte d'être déférés aux tribunaux doit-elle être pour les exploitants le mobile principal d'une bonne exploitation.

2° *A l'administration*, si la sûreté publique est compromise.

Ainsi donc, il est de tout intérêt pour les exploitants, dans le cas d'une exploitation douteuse, non pas d'attendre la visite de l'Ingénieur des mines, mais bien de la provoquer et de se conformer à l'avis désintéressé qu'il donne toujours.

L'Ingénieur des mines est là pour renseigner bien plus que pour surveiller, et c'est aller le cœur léger au-devant de bien nombreux et grands ennuis que de négliger ses lumières.

Accidents. — Responsabilité.

Dans le cas où pour une cause quelconque, la sûreté des ouvriers, celle du sol ou des habitations se trouve compromise, l'exploitant doit en donner immédiatement avis à l'Ingénieur des mines, ainsi qu'au Maire de la commune s'il s'agit d'une carrière souterraine.

S'il s'agit de carrières à ciel ouvert, l'exploitant préviendra seulement, dans le plus court délai, le Maire de la commune.

Celui-ci, de quelque façon que le danger parvienne

à sa connaissance, en informe dans tous les cas, immédiatement, l'Ingénieur des mines de la circonscription.

Aussitôt qu'il est prévenu, l'Ingénieur se rend sur les lieux, dresse procès-verbal de leur état et envoie ce procès-verbal au Préfet, en y joignant l'indication des mesures qu'il juge convenables pour faire cesser le danger.

Le Maire peut aussi adresser au Préfet ses observations et propositions.

Le Préfet ne statue qu'après avoir entendu l'exploitant, sauf le cas de péril imminent, et lui notifie sa décision.

Si l'exploitant, sur cette notification, ne se conforme pas aux mesures prescrites, dans le délai qui lui aura été fixé, il y est pourvu d'office et à ses frais par le soin de l'administration.

En cas de péril imminent reconnu par l'Ingénieur, celui-ci fait sous sa responsabilité les réquisitions nécessaires aux autorités locales, pour qu'il y soit pourvu sur-le-champ, ainsi qu'il est pratiqué en matière de voirie, lors du péril imminent de la chute d'un édifice.

Le Maire, d'ailleurs, peut toujours, en l'absence de l'Ingénieur et en attendant son arrivée, prendre toutes les mesures que lui paraît commander l'intérêt de la sûreté publique.

On procède de la même façon pour les carrières abandonnées dont l'existence compromettrait la sécurité publique, mais, dans ce cas, les travaux prescrits pour la réfection ou la consolidation sont à la charge du propriétaire du fonds où est située la carrière. Il conserve cependant son droit de recours contre qui de droit.

Dans le cas d'accident suivi de mort ou de blessures, l'exploitant est tenu d'en donner immédiatement avis à l'Ingénieur des mines de la circonscription, ainsi qu'au Maire de la commune, s'il s'agit de carrière souterraine.

S'il s'agit d'une carrière à ciel ouvert, il sera donné avis de l'accident au Maire de la commune seul.

Celui-ci, de quelque façon que l'accident soit parvenu à sa connaissance, en informe, *sans délai,* le Préfet et l'Ingénieur des mines.

L'Ingénieur des mines se rend dans le plus bref délai sur les lieux. Il visite la carrière, recherche les circonstances et les causes de l'accident et en dresse un procès-verbal dont copie est adressée au Préfet et au Procureur de la République.

L'ingénieur relève également dans son procès-verbal toutes les contraventions aux règlements, auxquelles donne lieu l'exploitation de la carrière.

Il est interdit aux exploitants de dénaturer les lieux avant la clôture du procès-verbal de l'Ingénieur des mines. Cette interdiction est absolument essentielle, car un exploitant qui

rendrait en ne s'y conformant pas, l'enquête impossible, donnerait, par là même, la preuve la plus formelle de sa culpabilité.

C'est en ce sens que serait obligé de conclure l'Ingénieur des mines.

Celui-ci se conforme, pour toutes les mesures à prendre, aux dispositions du décret du 3 janvier 1813 que nous donnons plus loin.

Cependant, en ce qui concerne les *carrières à ciel ouvert*, lorsque le règlement local, c'est-à-dire le décret rendu pour le département, ne spécifie pas expressément que les dispositions du 3 janvier 1813, seront appliquées aux carrières à ciel ouvert, ces dispositions ne sont pas applicables à ce genre d'exploitation.

Mais elles sont toujours applicables aux *carrières souterraines*. Le décret du 3 janvier 1813 est le véritable complément du titre V de la loi de 1810; or les carrières souterraines sont visées par les articles 47, 48 et 50 de ce titre V, comme il est dit d'ailleurs à l'article 82 de la loi révisée. Donc ce décret applicable seulement dans certains cas aux carrières à ciel ouvert, l'est toujours aux carrières souterraines.

Exploitations dangereuses. — Interdiction.

Dans le cas où les procédés d'abatage sont reconnus dangereux pour la sûreté des ouvriers le service des mines en avise le Préfet.

Celui-ci prend un arrêté de réglementation de la carrière. Il peut par cet arrêté interdire tout travail d'exploitation dans la carrière, tant que toutes les mesures préventives nécessaires à la sûreté et qui auront été prescrites ne seront pas remplies.

Les contraventions à ces arrêtés sont punies et réprimées par l'article 471, § 15 du Code pénal.

Recouvrement de frais pour travaux exécutés d'office.

Lorsque les plans d'une carrière auront été levés d'office ou des travaux de sécurité exécutés également d'office par ordre de l'autorité supérieure, le montant des frais occasionnés sera ordonnancé par le Préfet du département.

Le recouvrement de ces frais sera opéré contre qui de droit, par le percepteur, comme en matière de contributions directes.

Recours contre les arrêtés des préfets et des maires.

Tout propriétaire de carrière peut réclamer au Ministre des travaux publics, contre les arrêtés préfectoraux qui le concernent, en matière de police de carrières.

Mais ces arrêtés sont inattaquables par la voie contentieuse. Ils ne peuvent être déférés au Conseil d'État que pour excès de pouvoir.

Si l'arrêté a été pris par le Maire, le propriétaire ou l'exploitant peut recourir au Préfet.

La décision ministérielle qui confirme les arrêtés préfectoraux est également inattaquable par la voie contentieuse. Elle ne peut comme lesdits arrêtés être déférée au Conseil d'État que pour abus de pouvoir.

Rapports des exploitants de carrières avec les particuliers.

Les propriétaires et exploitants de carrières sont soumis aux règles du droit commun et spécialement aux articles 1382-1383, du Code civil pour tous les dommages causés à des tiers et réciproquement, que ces tiers soient propriétaires de terrains voisins ou concessionnaires d'une exploitation voisine. Ainsi, un arrêt de la cour d'Angers du 5 mars 1847, a ordonné, pour une carrière de sable menaçant d'inonder une mine, des mesures réparatrices à la charge du propriétaire de la carrière.

Au sujet des rapports des carriers entre eux, la jurisprudence établie, est que, « *si absolu que soit le droit de propriété, il est limité dans son exercice par l'obligation non moins absolue de ne pas nuire à autrui. En matière d'excavation, le fait et la faute se confondent.* » (Cour d'appel d'Angers, 13 août 1877 et 3 juin 1878.)

Si un exploitant de carrière continue son exploitation, alors que l'état des lieux l'a averti du danger qu'ils peuvent présenter pour ses voisins, le propriétaire dépasse la limite de son droit et commet une imprudence qui, s'il y a lieu, l'oblige à réparer le préjudice arrivé par sa faute. (C. N., art. 544 et 1382.)

Juridiction en matière privée.

L'autorité administrative n'a à intervenir en aucun cas, dans les contestations entre particuliers et exploitants de carrières.

Toutes les questions d'indemnité pour dégâts causés à des tiers par l'exploitation d'une carrière, sont de la compétence essentielle des tribunaux civils.

Il en est de même dans les questions d'empiètement d'un exploitant de carrière sur les propriétés voisines, ces propriétés seraient-elles même communales, départementales ou nationales. C'est chose de droit commun.

L'autorité n'a à intervenir administrativement que dans le cas de danger pour la sécurité publique et dans le cas de contravention aux règlements en vigueur.

Juridiction des contraventions.

La jurisprudence de la Cour de cassation établit une distinction, en ce qui concerne l'autorité judiciaire compétente, entre les contraventions commises dans les carrières souterraines et les contraventions commises dans les carrières à ciel ouvert.

Pour contraventions constatées dans les carrières souterraines, conformément à l'article 82 des lois du 21 avril 1810 et 20 juillet 1880 qui les assimile aux mines pour la surveillance, elle applique quant à la pénalité les articles 93 et 96 de la même loi, et attribue aux tribunaux correctionnels la répression de ces contraventions.

Pour les carrières à ciel ouvert, l'article 81 de la loi de 1810 et la loi du 20 juillet 1880, en attribuant la surveillance aux autorités locales, la Cour suprême reconnaît la juridiction des tribunaux de simple police, et la répression des contraventions relevées dans l'espèce leur est réservée. Ces contraventions sont réprimées par application du Code pénal, article 471, § 15.

Vol de pierres dans les carrières.

Le vol de pierres dans les carrières est prévu et puni par l'article 388 du Code pénal, d'un emprisonnement de un an au moins et cinq ans au plus, et d'une amende de 16 à 500 francs.

L'interdiction des droits civils et politiques pourra de plus être prononcée pendant une période de cinq ans au moins et dix ans au plus.

Vente ou location de carrières.

Quand un exploitant vend, loue ou abandonne l'exploitation d'une carrière dont il n'était que locataire, il est de tout intérêt pour lui, dans chacun des cas, de faire constater l'état des lieux par l'Ingénieur des mines et d'exiger immédiatement tous les travaux qui peuvent être nécessaires dans l'intérêt de la sécurité et de la mise en règle vis-à-vis de la loi.

Cette manière de faire, car l'Ingénieur rédigera toujours un procès-verbal de constat remis aux intéressés, évitera outre des procès-verbaux de contravention et des accidents ultérieurs, un grand nombre de difficultés et de dépenses en cas de contestation.

Règlement dans les carrières.

Il est d'une utilité incontestable pour chaque exploitant de carrière d'avoir un règlement auquel soit astreint chaque ouvrier.

Nous en donnons plus loin un modèle qui pourra être modifié par des dispositions spéciales, suivant la nature du travail et les usages de chaque localité.

Si les exploitants sont embarrassés à ce sujet, ils

n'auront qu'à s'adresser à l'Ingénieur des mines de leur circonscription qui leur établira un règlement suivant leurs besoins particuliers.

Responsabilité. — Assurances contre les accidents.

Les exploitants sont responsables des accidents arrivés à leurs ouvriers pendant le travail, en même temps que des accidents ou dommages causés par leur imprudence ou négligence.

Ils sont donc responsables des accidents provenant du fait de leur exploitation surtout lorsqu'ils ne se sont pas conformés à toutes les prescriptions des lois et règlements.

Dans un autre ouvrage [1] nous recommandons aux industriels de contracter des assurances contre les accidents arrivés à leurs ouvriers.

Lorsqu'il s'agit de carrières où les accidents sont si fréquents, nous ne voudrions certes pas manquer de faire la même recommandation.

Tout le monde est d'accord aujourd'hui pour reconnaître l'utilité de ces assurances et aucun exploitant sérieux ne néglige cette mesure.

Cependant parce que l'on est assuré, il ne faut pas

1. *Les chaudières à vapeur,* leur installation, leur conduite, par J. La Ruelle O✵, Ingénieur civil des mines. Deuxième édition, revue et considérablement augmentée. Prix : 3 fr. 50. Franco par la poste : 3 fr. 75.

en conclure qu'il est inutile ou superflu de prendre les mesures de précaution suggérées par la prudence ou prescrites par les règlements.

Il faut au contraire redoubler de vigilance, car outre que les accidents se produisent dans les exploitations les mieux tenues, il ne faut pas oublier que les compagnies d'assurances ne sont pas tenues de payer les primes convenues, lorsqu'elles peuvent établir que l'accident peut être attribué à l'imprudence ou à la négligence du co-contractant.

Règlements locaux. — Carrières de la Seine.

Les règlements locaux ont force de loi pour tout ce qui n'est pas contraire aux prescriptions de la loi du 27 juillet 1880 ou de la loi de 1810 révisée. Cela résulte d'une façon formelle des termes de l'article 81 de la loi du 21 avril 1810.

L'exploitation de carrières souterraines de quelque nature qu'elles soient est formellement interdite dans l'intérieur de Paris.

Appareils à vapeur employés dans les carrières.

Les appareils à vapeur employés dans les carrières sont soumis naturellement aux prescriptions du décret du 30 avril 1880.

Ils sont soumis à la déclaration prescrite par l'article 12 dudit décret, sans que cette déclaration d'appareil à vapeur faite au préfet du département, dispense de la déclaration de carrière à faire à la mairie, conformément à la loi du 27 juillet 1880.

Pour tous renseignements relatifs aux appareils à vapeur nous renvoyons à notre ouvrage spécial sur la matière[1].

Carrières en forêts.

Aucune exploitation de pierres, sable, minerai, tourbe, etc., ne peut être faite, commencée ou poursuivie, dans les forêts et bois, sans une autorisation préalable.

Les contraventions à ces prescriptions sont constatées et poursuivies par les agents du service des forêts, conformément à l'article 144 du Code forestier.

En cas de travaux publics, les adjudicataires ne pourront faire leur extraction que dans les endroits désignés par le service des ponts et chaussées.

De plus, ils seront tenus envers l'État, les communes et les établissements publics, comme envers les parti-

1. *Les chaudières à vapeur*, leur installation, leur conduite, par J. LA RUELLE, O✻, Ingénieur civil des mines. Deuxième édition, revue et considérablement augmentée. Prix : 3 fr. 50. Franco par la poste : 3 fr. 75.

culiers, de payer toutes les indemnités de droit, et d'observer toutes les formes prescrites par les lois et règlements sur la matière.

Toutes les contraventions au Code forestier sont portées devant les tribunaux correctionnels, lesquels ont seuls qualité pour en connaître.

SERVITUDES

Les carrières sont sujettes comme différentes parties de la propriété :

1° *A l'expropriation ;*

2° *A l'occupation temporaire.*

Outre cela, elles sont encore soumises à diverses servitudes déterminées par la loi.

Ce sont :

1° Les servitudes rurales ;

2° Les servitudes militaires;

3° Les servitudes résultant du voisinage d'un chemin de fer ;

4° Les servitudes résultant du voisinage d'une source minérale à laquelle a été accordé un périmètre de protection.

Nous allons examiner séparément chacune de ces diverses modifications de la propriété.

Expropriation.

Toute carrière peut être expropriée pour cause d'utilité publique, dans les formes prévues par la loi.

L'expropriation entraîne forcément une indemnité au profit du propriétaire du fonds exproprié.

L'indemnité se divise en deux parties, l'une afférente au terrain, l'autre afférente à la carrière ou pour mieux dire, au fonds.

Toutefois cette deuxième indemnité n'est due que pour les *carrières ouvertes,* c'est-à-dire pour celles qui sont en activité, et celles qui ont été exploitées par le propriétaire lui-même ou un tiers autorisé.

Mais, comme nous l'avons déjà dit au chapitre *Propriété*, le fait d'avoir été occupée temporairement ne constitue pas une carrière en état d'ouverture, et dans ce cas, il n'est dû au propriétaire du fonds aucune indemnité revêtant la deuxième forme, c'est-à-dire relative à la privation de carrière.

Cependant, certains auteurs ont prétendu que les carrières *non ouvertes* peuvent être sujettes aux deux espèces d'indemnité dont nous parlons plus haut. Ils invoquent à l'appui de leur assertion, la privation pour le propriétaire du fonds exproprié d'une valeur certaine et non éventuelle :

« L'acheteur, dit entre autres M. Naudier[1], peut, « pour une carrière, compter sûrement sur un produit « qui doit augmenter la valeur du fonds : il est certain « de pouvoir exploiter, il paiera le fonds suivant sa « valeur, en y ajoutant celle qu'il attribue aux matières

1. Naudier, *Traité théorique et pratique de la législation et de la jurisprudence des mines, minières et carrières.*

« à exploiter en carrière ; l'expropriation doit donc, « dans tous les cas, comprendre la valeur du sol et « celle de la carrière.

« Une exploitation souterraine laisse au proprié- « taire les produits de la surface, il est donc juste que, « pour la perte de cette double production, il reçoive « une double indemnité. »

Cette théorie demande quelques explications.

Si, par *carrière non ouverte,* on entend le lieu où gisent des substances dont l'extraction constituerait une carrière, et, que ce gisement est établi, serait-ce seulement par un simple sondage récent, le fait seul d'avoir pratiqué ce sondage constitue en quelque sorte un commencement d'exploitation et l'expropriation sans nul doute, évidemment même, devrait comprendre dans l'indemnité, la surface et le fonds. C'est d'ailleurs le cas que semble avoir envisagé M. Naudier en parlant d'un « acheteur qui compte sûrement « sur un produit devant augmenter la valeur de la « propriété ».

Mais, si, comme nous l'entendons, par *carrière non ouverte,* M. Naudier veut parler d'un gisement de substance dont l'extraction constituerait une carrière, alors que *ce gisement n'a été constaté par aucune espèce de travail dans la propriété elle-même,* bien que ce gisement soit reconnu dans la propriété voisine, on raisonne alors par déduction et on ne peut envisager le fonds que comme pouvant produire un revenu *aléa-*

toire et dès lors il n'y a lieu qu'à expropriation de la surface.

La théorie de M. Naudier devient dans ce cas fausse et peut facilement être renversée en deux mots.

En effet, la loi du 3 mai 1841 s'oppose à ce que « aucune indemnité soit accordée pour dommages in- « certains et éventuels, » or dans le cas que nous spécifions en dernier, c'est-à-dire quand le gisement n'a pas été constaté par aucun travail, les dommages sont bien ceux que prévoit la loi, ils sont *incertains et éventuels* et partant ne donnent lieu à aucune indemnité.

Celui qui, dans ces conditions, achèterait le sol où se trouverait un gisement de cette nature, ne pourrait pas compter *sûrement* sur un produit devant augmenter la valeur du fonds, car il n'aura aucune donnée sérieuse lui permettant, sans crainte de se tromper, d'établir un prix équitable pour son achat.

Admettons que la carrière voisine fournisse des produits d'excellente qualité, s'ensuit-il *ipso facto* que deux mètres plus loin on trouvera des produits similaires, et qu'en admettant même leur existence on puisse affirmer que ces produits seront identiquement les mêmes, qu'ils seront exploitables, s'ensuit-il enfin que l'on pourra y ouvrir une carrière ?

Evidemment non !

Le sol présente souvent des variations si brusques, dans sa contexture et dans les éléments qui le composent, qu'aucun homme du métier n'oserait affirmer, de prime abord, que le champ voisin d'une carrière fournira des matériaux de même nature ou aussi facilement exploitables que ceux fournis par cette carrière en activité.

Nous pourrions citer mille exemples à l'appui de notre thèse, mais nous ne voulons pas entrer à ce sujet dans de plus longs développements. La chose est évidente par elle-même et il nous suffira de rappeler que bien souvent, à une distance excessivement minime, dans la même carrière parfois, les terres de recouvrement, pour ne citer que cela, peuvent avoir une grande différence d'épaisseur.

Eh bien ! admettons que ce fait se produise, osera-t-on soutenir que l'exploitation d'une carrière où les terres de recouvrement n'ont que $1^{m},50$ ou 2 mètres, coûtera aussi cher que l'exploitation d'une carrière où le découvert devra se faire sur une hauteur de 5 ou 6 mètres ?

Le produit ne variera-t-il pas en raison directe de la hauteur du découvert ?

L'acheteur ne peut donc pas, non plus que le propriétaire exproprié, à moins de sondage, et alors nous ne sommes plus dans le cas particulier, avoir la certitude de pouvoir exploiter. Il a seulement *des chances probables* qui varient, suivant que les exploitations voisines fournissent des produits de plus ou moins bonne qualité.

Donc les dommages soufferts par le propriétaire lors de l'expropriation d'une carrière non ouverte sont absolument *incertains et éventuels* et, comme tels, aucune indemnité ne doit être accordée à titre spécial pour cette expropriation.

Tout au plus, peut-on admettre que, en raison de la richesse probable du fonds, l'exproprié sera en droit de demander une indemnité un peu plus forte pour la surface.

Mais à notre avis ce cas sera rare, car, en général, dans les pays de carrières, les terrains sont en raison de la richesse probable du fonds beaucoup plus cher qu'ailleurs et dans ces conditions, il ne sera dû que l'indemnité pure et simple donnée par la surface.

Occupation temporaire.

Une carrière peut être occupée et des matériaux peuvent en être extraits pour une cause reconnue d'utilité publique, moyennant une indemnité.

Cette indemnité comprend la valeur payée pour l'occupation du terrain lui-même, plus la valeur d'après estimation des matériaux à extraire. Cette estimation est fixée d'après le prix ordinaire des matériaux dans le pays et l'indemnité lorsqu'elle n'est pas convenue d'avance entre le propriétaire et l'entrepreneur au profit de qui l'occupation est autorisée, est réglée à dire d'experts par le conseil de préfecture.

Cependant, si les matériaux nécessaires au travail d'utilité publique doivent être pris dans un terrain qui n'a pas encore été exploité, c'est-à-dire dans une *carrière non ouverte*, le terrain devra être payé au propriétaire comme s'il était pris pour le travail lui-même.

« *Il n'y aura à faire entrer dans l'estimation la valeur des matériaux à extraire, que dans le cas où l'on s'emparerait d'une carrière déjà en exploitation. Alors, lesdits matériaux seront évalués d'après leur prix courant.* » (Loi du 16 septembre 1807.)

Les experts[1] pour l'évaluation des indemnités relative à une occupation de terrain, sont nommés :

1° Pour les travaux de grande voirie ; l'un par le propriétaire, l'autre par le Préfet; le tiers-expert, s'il en est besoin, est de droit l'ingénieur en chef du département.

2° Lorsqu'il y aura des concessionnaires, un expert sera nommé par le propriétaire, un par le concessionnaire et le tiers-expert par le Préfet.

3° Pour les travaux de ville, un expert est nommé par le propriétaire, un par le Maire de la ville et le tiers-expert par le Préfet.

4° Pour les travaux vicinaux, un expert est nommé

1. La loi du 21 avril 1810, article 88, prescrit de prendre les experts parmi les Ingénieurs des mines. Il sera bon pour les carrières de se conformer à cette indication, car les exploitants seront toujours sûrs de trouver dans des experts choisis dans ces conditions, les connaissances et l'intégrité nécessaires pour bien remplir ces délicates fonctions.

par le propriétaire, l'autre par le Sous-Préfet. Le tiers-expert, en cas de désaccord, est nommé par le Conseil de Préfecture.

L'action en indemnité des propriétaires pour occupation de terrains ou extraction de matériaux, se prescrit par un laps de deux ans. (*Loi du* 21 *mai* 1836, *sur les chemins vicinaux, ainsi que décret du* 8 *février* 1868, *donnés plus loin.*)

Pour que l'occupation soit régulière ainsi que l'extraction de matériaux, il est nécessaire qu'un arrêté préfectoral ait déterminé quels terrains seront sujets à cette servitude, et en outre, que les propriétaires soient avertis des fouilles que les entrepreneurs ou agents de l'administration comptent effectuer en vertu de l'arrêté préfectoral.

Cet avertissement est obligatoire et doit être fait au moins 10 jours à l'avance pour que les travaux puissent être mis à exécution.

La durée de l'occupation est limitée par le délai accordé pour l'achèvement des travaux.

L'extraction de matériaux ne peut avoir lieu dans les endroits fermés de murs ou autres clôtures équivalentes, dans les cours, vergers, jardins, potagers et autres possessions de ce genre attenant aux maisons d'habitation. (*Arrêt du Conseil de Préfecture de Seine-et-Marne du* 28 *septembre* 1882, *donné plus loin.*)

L'extraction de matériaux ne peut non plus avoir lieu que pour travaux publics, c'est-à-dire aux termes de la loi du 28 juillet 1791, confirmée par la loi de 1810, pour les grandes routes, ou pour les travaux d'utilité publique tels que ponts et chaussées, canaux, monuments publics, etc., et tous autres établissements et manufactures d'utilité générale.

Les conditions et formalités d'occupations de terrains à l'occasion des grands travaux d'utilité publique, sont données par le décret du 8 février 1868. Nous le donnons plus loin.

Nous donnons également comme 4e partie, sous le titre *Jurisprudence,* quelques décisions de la cour suprême, relatives à diverses questions d'expropriation ou d'occupations de terrains.

Nos lecteurs n'ont qu'à parcourir ces quelques pages pour être fixés à ce sujet, mieux qu'ils ne le seraient certainement par toutes les explications que nous pourrions leur donner.

Servitudes rurales.

Les servitudes rurales sont déterminées par le Code civil.

Elles sont de deux natures, l'*écoulement des eaux* provenant d'un fonds supérieur et le *droit de passage*, et sont classées dans la catégorie des servitudes *continues*.

Droits de passage.

Tout propriétaire de carrières dont le fonds est enclavé et qui n'a aucune issue sur la voie publique, a le droit de réclamer un passage sur les fonds voisins, mais seulement pour l'exploitation de sa propriété. Ce droit résulte des articles 682 et suivants du Code civil.

Ce droit de passage donne lieu à une indemnité proportionnée naturellement au dommage causé. Il sera bon dans ce cas de passer avec le voisin sur le terrain duquel on réclame un droit de passage, une convention écrite qui sera soumise à l'enregistrement. Cette convention évitera des contestations ultérieures.

Cependant, de ce qu'on a un droit de passage, il ne s'ensuit pas que ce droit peut être exercé arbitrairement.

Le passage doit régulièrement être pris du côté où le trajet est le plus court ou le moins dommageable, depuis le fonds enclavé jusqu'à la voie publique.

Si le voisin sur le terrain duquel on veut passer exploite lui-même sa propriété comme carrière, et a établi un chemin pour l'enlèvement de ses produits, c'est par ce chemin seul qu'on doit exiger le passage, et on lui doit quand même une indemnité, qui est réglée le plus souvent proportionnellement au cube des produits charriés.

De plus, ce passage ne peut être exigé souterrainement à moins qu'il n'existe déjà. Il ne peut être forcé *qu'à la surface,* comme pour l'enclave de la propriété du sol. Ainsi décidé par la cour d'Amiens (arrêt du 2 février 1854).

L'action en indemnité prévue pour le droit de passage se prescrit au bout de trente ans, et le passage doit être continué, bien que l'action en indemnité ne soit plus recevable.

Servitudes militaires.

Les servitudes dites *militaires*, établies aux abords des places de guerre par les lois et règlements émanant de l'autorité militaire, sont applicables également aux carrières.

Sauf pour Paris qui est régi par une loi spéciale, trois zones militaires sont établies autour de chaque place de guerre.

On ne peut absolument pratiquer aucune fouille dans les deux premières, c'est-à-dire les plus rapprochées de la ville ; quant à la troisième, aucune carrière ou fouille ne peut y être établie, sans la permission du commandant du génie.

Les contraventions et les réclamations en matière de servitudes militaires ressortissent des Conseils de Préfecture qui peuvent ordonner la fermeture ou la destruction des travaux faits, aux frais naturellement des contrevenants, et appliquer, en outre, les peines prévues pour les contraventions en matière de grande voirie.

L'établissement des servitudes militaires existe de plein droit, et ne donne lieu à aucune indemnité, sauf le cas où des travaux, régulièrement autorisés dans la zone, sont supprimés par le génie militaire.

Voisinage d'un chemin de fer.

De nombreuses servitudes sont imposées également aux propriétaires riverains d'une ligne de chemin de fer.

La loi du 15 juillet 1845 porte que les servitudes imposées par les lois et règlements sur la grande voirie, sont applicables aux propriétés riveraines des chemins de fer, et particulièrement celles relatives à la distance à observer pour les plantations et le mode d'exploitation des mines, minières et carrières dans la zone déterminée à cet effet.

Dans les localités où le chemin de fer se trouvera en remblai de plus de 3 mètres au-dessus du terrain naturel, il est interdit aux riverains :

1° De pratiquer sans autorisation préalable des excavations dans une zone de largeur égale à la hauteur verticale du remblai, mesurée à partir du pied du talus.

Cette autorisation ne pourra être accordée sans que les concessionnaires ou fermiers de l'exploitation du chemin de fer aient été entendus ou dûment appelés.

2° D'établir, dans une distance de moins de cinq mètres, aucun dépôt de pierres, sans l'autorisation préalable du Préfet du département.

Cette autorisation sera toujours révocable.

3° Si la santé publique ou la conservation du chemin de fer l'exige, l'administration pourra faire supprimer, moyennant une juste indemnité, les excavations, amas de matériaux, etc..., existant dans les zones ci-dessus spécifiées lors de l'établissement du chemin de fer.

L'indemnité sera réglée de gré à gré ou à dire d'experts.

Les contraventions aux dispositions précédentes sont poursuivies comme en matière de grande voirie devant les Conseils de Préfecture.

Servitudes résultant du voisinage d'une source minérale.

Des servitudes particulières protègent encore, dans un périmètre déterminé par décret spécial, chaque source d'eau minérale. Ces servitudes résultent de la loi du 14 juillet 1856.

Aux termes de l'article 2 de cette loi, un périmètre de protection peut être assigné par un décret rendu dans les formes établies par l'article 1, à une source déclarée d'utilité publique. Ce périmètre était fixé à 1,000 mètres par le décret du 8 mars 1848.

Ce périmètre peut être modifié si de nouvelles circontances en font reconnaître la nécessité.

Art. 3. — « Aucun *sondage*, aucun *travail souterrain* ne peuvent être pratiqués dans le périmètre de protection d'une source minérale déclarée d'intérêt public, sans *autorisation préalable*. — A l'égard des *fouilles, tranchées*, pour *extraction de matériaux* ou pour un autre objet, fondations de maisons, caves ou *autres travaux à ciel ouvert*, le décret qui fixe le périmètre de protection peut exceptionnellement imposer aux propriétaires l'obligation de faire, au moins un mois à l'avance, une déclaration au préfet, qui en délivre récépissé.

Art. 4. — « Les travaux énoncés dans l'article précédent et entrepris soit en vertu d'une autorisation régulière, soit après une déclaration préalable, peuvent, sur la demande du propriétaire de la source, être interdits par le préfet, si leur résultat constaté est d'altérer ou de diminuer la source. Le propriétaire du terrain est préalablement entendu. — L'arrêté du préfet est exécutoire par provision, *sauf recours au Conseil de préfecture et au Conseil d'État par la voie contentieuse*.

Art. 5. — « Lorsque, à raison de sondages ou de travaux souterrains entrepris en dehors du périmètre, et jugés de nature à altérer ou diminuer une source minérale déclarée d'intérêt public, l'*extension du périmètre* paraît nécessaire, le préfet peut, sur la demande du propriétaire de la source, ordonner provisoirement la *suspension des travaux.* — Les travaux peuvent être repris si, dans le délai de six mois, il n'a pas été statué sur l'extension du périmètre.

Art. 6. — « Les dispositions de l'article précédent s'appliquent à une source minérale déclarée d'intérêt public, *à laquelle aucun périmètre n'a été assigné.* »

Art. 7. — « *Dans l'intérieur du périmètre de protection,* le propriétaire d'une source déclarée d'intérêt public a le droit de faire, dans le terrain d'autrui, à l'exception des maisons d'habitation et des cours attenantes, tous les travaux de captage et d'aménagement nécessaires pour la conservation, la conduite et la distribution de cette source, lorsque ces travaux ont été autorisés par un arrêté du ministre de l'agriculture, du commerce et des travaux publics. — Le propriétaire du terrain est entendu dans l'instruction.

Art. 9. — « L'occupation d'un terrain compris dans le périmètre de protection pour l'exécution des travaux prévus par l'article 7 ne peut avoir lieu qu'en vertu d'un arrêté du préfet qui en fixe la durée. — Lorsque l'occupation d'un terrain compris dans le périmètre prive le propriétaire de la jouissance du revenu au delà du temps d'une année, ou lorsqu'après les travaux, le terrain n'est plus propre à l'usage auquel il était employé, le propriétaire dudit terrain peut exiger du propriétaire de la source l'acquisition du terrain occupé ou dénaturé. Dans ce cas, l'indemnité est réglée suivant les formes prescrites par la loi du 3 mai 1841. Dans aucun cas l'expropriation ne peut être provoquée par le propriétaire de la source.

Art. 10. — « Les dommages dus par suite de *suspension, interdiction* ou *destruction de travaux* dans les cas prévus aux articles 4, 5 et 6, ainsi que ceux dus à raison de travaux exécutés en vertu des articles 7 et 9, sont à la charge du propriétaire de la source.

L'indemnité est réglée à l'amiable ou par les tribunaux.

Dans les cas prévus par les articles 4, 5 et 6, l'indemnité due par le propriétaire de la source ne peut excéder le montant des pertes matérielles qu'a éprouvées le propriétaire du terrain, et le prix des travaux devenus inutiles, augmenté de la somme nécessaire pour le rétablissement des lieux dans leur état primitif.

Art. 11. — « Les décisions concernant l'exécution ou la destruction des travaux sur le terrain d'autrui, ne peuvent être exécutées qu'après le dépôt d'un cautionnement dont l'importance est fixée par le tribunal et qui sert de garantie au paiement de l'indemnité dans les cas énumérés en l'article précédent. L'État, pour les sources dont il est propriétaire, est dispensé du cautionnement.

Art. 13. — « L'exécution, sans autorisation ou sans déclaration préalable, dans le périmètre de protection, de l'un des travaux mentionnés dans l'article 3, la reprise des travaux interdits ou suspendus administrativement, en vertu des articles 4, 5 et 6, est punie d'une amende de cinquante francs à cinq cents francs.

Art. 15. — « Les infractions prévues par la présente loi, sont constatées, concurremment, par les officiers de police judiciaire, les Ingénieurs des mines et les agents sous leurs ordres ayant droit de verbaliser. »

Le décret du 8 septembre 1856 a complété en les réglementant les dispositions de cette loi.

Nous le donnnons plus loin.

RÉGLEMENTATION

EXPLOITATION

LOI

Concernant les mines, les minières et les carrières.

— 21 AVRIL 1810 —

TITRE I.

ART. 1er. — Les masses de substances minérales ou fossiles renfermées dans le sein de la terre ou existantes à la surface, sont classées relativement aux règles de l'exploitation de chacune d'elles, sous les trois qualifications de mines, minières et carrières.

ART. 2. — Seront considérées comme mines celles connues pour contenir en filons, en couches ou en amas, de l'or, de l'argent, du platine, du mercure, du plomb, du fer en filons ou couches, du cuivre, de l'étain, du zinc, de la calamine, du bismuth, du cobalt, de l'arsenic, du manganèse, de l'antimoine, du molybdène, de la plombagine, ou autres matières métalliques, du soufre, du charbon de terre ou de pierre, du bois fossile, des bitumes, de l'alun et des sulfates à base métallique.

Art. 3. — Les minières comprennent les minerais de fer dits d'alluvion, les terres pyriteuses propres à être converties en sulfate de fer, les terres alumineuses et les tourbes.

Art. 4. — Les carrières renferment les ardoises, les grès, pierres à bâtir et autres, les marbres, granits, pierres à chaux, pierres à plâtre, les pouzzolanes, le strass, les basaltes, les laves, les marnes, craies, sables, pierres à fusil, argiles, caolin, terres à foulon, terres à poterie, les substances terreuses et les cailloux de toute nature, les terres pyriteuses regardées comme engrais, le tout exploité à ciel ouvert ou avec des galeries souterraines.

. . . .

. . . .

TITRE V

DE L'EXERCICE DE LA SURVEILLANCE SUR LES MINES PAR L'ADMINISTRATION.

Art. 47. — Les ingénieurs des mines exerceront, sous les ordres du ministre de l'intérieur[1] et des préfets, une surveillance de police, pour la conservation des édifices et la sûreté du sol.

Art. 48. — Ils observeront la manière dont l'exploitation sera faite, soit pour éclairer les propriétaires

1. Aujourd'hui les ingénieurs des mines sont placés sous les ordres du ministre des travaux publics.

sur ses inconvénients ou son amélioration, soit pour avertir l'administration des vices, abus ou dangers qui s'y trouveraient

ART. 49. — Si l'exploitation est restreinte ou suspendue de manière à inquiéter la sûreté publique ou les besoins des consommateurs, les préfets, après avoir entendu les propriétaires, en rendront compte au ministre de l'intérieur pour y être pourvu ainsi qu'il appartiendra.

ART. 50. — Si l'exploitation compromet la sûreté publique, la conservation des puits, la solidité des travaux, la sûreté des ouvriers mineurs, ou des habitations de la surface, il y sera pourvu par le préfet, ainsi qu'il est pratiqué en matière de grande voirie et selon les lois.

. . . .

TITRE VIII

SECTION I. — DES CARRIÈRES.

ART. 81. — L'exploitation des carrières à ciel ouvert a lieu sans permission, sous la simple surveillance de la police, et avec l'observation des lois ou règlements généraux ou locaux.

ART. 82. — Quand l'exploitation a lieu par galeries souterraines, elle est soumise à la surveillance de l'administration, comme il est dit au titre V.

. . . .

TITRE IX

DES EXPERTISES.

Art. 87. — Dans tous les cas prévus par la présente loi et autres naissant des circonstances, où il y aura lieu à expertise, les dispositions du titre XIV du Code de procédure civile, articles 303 à 323, seront exécutées.

Art. 88. — Les experts seront pris parmi les ingénieurs des mines, ou parmi les hommes notables et expérimentés dans le fait des mines et de leurs travaux.

Art. 89. — Le procureur impérial sera toujours entendu, et donnera ses conclusions sur le rapport des experts.

Art. 90. — Nul plan ne sera admis comme pièce probante dans une contestation, s'il n'a été levé ou vérifié par un ingénieur des mines. La vérification des plans sera toujours gratuite.

Art. 91. — Les frais et vacations des experts seront réglés et arrêtés, selon les cas, par les tribunaux : il en sera de même des honoraires qui pourront appartenir aux ingénieurs des mines ; le tout suivant le tarif qui sera fait par un règlement d'administration publique.

Toutefois il n'y aura pas lieu à honoraires pour les ingénieurs des mines, lorsque leurs opérations auront été faites soit dans l'intérêt de l'administration, soit à raison de la surveillance et de la police publiques.

Art. 92. — La consignation des sommes jugées nécessaires pour subvenir aux frais d'expertise, pourra être ordonnée par le tribunal contre celui qui poursuivra l'expertise.

TITRE X

DE LA POLICE ET DE LA JURIDICTION RELATIVES AUX MINES.

Art. 93. — Les contraventions des propriétaires de mine exploitants non encore concessionnaires ou autres personnes, aux lois et règlements seront dénoncées et constatées comme les contraventions en matière de voirie et de police.

Art. 94. — Les procès-verbaux contre les contrevenants seront affirmés dans les formes et délais prescrits par les lois.

Art. 95. — Ils seront adressés en originaux à nos procureurs impériaux, qui seront tenus de poursuivre d'office les contrevenants devant les tribunaux de police correctionnelle, ainsi qu'il est réglé et usité pour les délits forestiers, et sans préjudice des dommages-intérêts des parties.

Art. 96. — Les peines seront d'une amende de cinq cents francs au plus et de cent francs au moins, double en cas de récidive, et d'une détention qui ne pourra excéder la durée fixée par le Code de police correctionnelle.

Signé : NAPOLÉON.

Certifié conforme par nous grand-juge Ministre de la justice,
Le Duc de Massa.

DÉCRET

— 3 janvier 1813 —

(Extrait)

TITRE II

DISPOSITIONS TENDANT A PRÉVENIR LES ACCIDENTS.

Art. 3. — Lorsque la sûreté des exploitations ou celle des ouvriers pourra être compromise par quelque cause que ce soit, les propriétaires seront tenus d'avertir l'autorité locale de l'état de la mine qui serait menacée ; et l'ingénieur des mines, aussitôt qu'il en aura connaissance, fera son rapport au préfet et proposera la mesure qu'il croira propre à faire cesser la cause du danger.

Art. 4. — Le préfet, après avoir entendu l'exploitant, ou ses ayants cause dûment appelés, prescrira les dispositions convenables, par un arrêté qui sera envoyé au directeur général des mines, pour être approuvé, s'il y a lieu, par le ministre de l'intérieur.

En cas d'urgence, l'ingénieur en fera mention spéciale dans son rapport, et le préfet pourra ordonner que son arrêté soit provisoirement exécuté.

Art. 5. — Lorsqu'un ingénieur, en visitant une exploitation, reconnaîtra une cause de danger imminent, il fera, sous sa responsabilité, les réquisitions nécessaires aux autorités locales, pour qu'il soit pourvu sur-le-champ, d'après les dispositions qu'il jugera convenables, ainsi qu'il est pratiqué en matière de voirie, lors du péril imminent de la chute d'un édifice.

Art. 6. — Il sera tenu, sur chaque mine, un registre et un plan, constatant l'avancement journalier des travaux, et les circonstances de l'exploitation dont il sera utile de conserver le souvenir. L'ingénieur des mines devra, à chacune de ses tournées, se faire représenter ce registre et ce plan ; il y insérera le procès-verbal de visite et ses observations sur la conduite des travaux. Il laissera à l'exploitant, dans tous les cas où il le jugera utile, une instruction écrite sur le registre, contenant les mesures à prendre sur la sûreté des hommes et celle des choses.

Art. 7. — Lorsqu'une partie ou la totalité d'une exploitation sera dans un état de délabrement ou de vétusté tel, que la vie des hommes aura été compromise ou pourrait l'être, et que l'ingénieur des mines ne jugera pas possible de la réparer convenablement, l'ingénieur en fera son rapport motivé au préfet, qui prendra l'avis de l'ingénieur en chef et entendra l'exploitant ou ses ayants cause.

Dans le cas où la partie intéressée reconnaîtrait la réalité du danger indiqué par l'ingénieur, le préfet ordonnera la fermeture des travaux.

En cas de contestations, trois experts seront nommés, le premier par le préfet, le second par l'exploitant, et le troisième par le juge de paix du canton.

Les experts se transporteront sur les lieux; ils y feront toutes les vérifications nécessaires, en présence d'un membre du Conseil d'arrondissement, délégué à cet effet par le préfet, et avec l'assistance de l'ingénieur en chef; ils feront au préfet un rapport motivé.

Le préfet en référera au ministre, en donnant son avis.

Le ministre, sur l'avis du préfet, et sur le rapport du directeur général des mines, pourra statuer, sauf le recours au Conseil d'État.

Le tout, sans préjudice des dispositions portées, pour les cas d'urgence, dans l'article 4 du présent décret.

Art. 8. — Il est défendu à tout propriétaire d'abandonner, en totalité, une exploitation, si auparavant elle n'a été visitée par l'ingénieur des mines.

Des plans intérieurs seront vérifiés par lui ; il en dressera procès-verbal, par lequel il fera connaître les causes qui peuvent nécessiter l'abandon.

Le tout sera transmis par lui, ainsi que son avis, au préfet du département.

Art. 9. — Lorsque l'exploitation sera de nature à être abandonnée par portions ou par étages, et à des époques différentes, il y sera procédé successivement et de la manière ci-dessus indiquée.

Dans les deux cas, le préfet ordonnera les dispositions de police, de sûreté et de conservation qu'il jugera convenables, d'après l'avis de l'ingénieur des mines.

Art. 10. — Les actes administratifs concernant la police des mines, en matières dont il a été fait mention dans les articles précédents, seront notifiés aux exploitants, afin qu'ils s'y conforment dans les délais prescrits ; à défaut de quoi, les contraventions seront constatées par procès-verbaux des ingénieurs des mines, conducteurs, maires, autres officiers de police, gardes-mines : on se conformera, à cet égard, aux articles 93 et suivants de la loi du 21 avril 1810, et, en cas d'inexécution, les dispositions qui auront été prescrites seront exécutées d'office, aux frais de l'exploitant, dans les formes établies par l'article 37 du décret du 18 novembre 1810.

TITRE III

MESURES A PRENDRE EN CAS D'ACCIDENTS ARRIVÉS DANS LES MINES, MINIÈRES, USINES ET ATELIERS.

Art. 11. — En cas d'accidents survenus dans une mine, minière, usine et ateliers qui en dépendent, soit par éboulement, par inondation, par le feu, par asphyxie, par rupture des machines, engins, câbles, chaînes, paniers, soit par émanations nuisibles, soit par toute autre cause, et qui auraient occasionné la mort ou des blessures graves à un ou plusieurs ouvriers, les exploitants, directeurs, maîtres mineurs et autres préposés sont tenus d'en donner connaissance aussitôt au maire de la commune et à l'ingénieur des mines, et, en cas d'absence, au conducteur.

Art. 12. — La même obligation leur est imposée dans le cas où l'accident compromettrait la sûreté des travaux, celle des mines ou des propriétés de la surface, et l'approvisionnement des consommateurs.

Art. 13. — Dans tous les cas, l'ingénieur des mines se transportera sur les lieux ; il dressera procès-verbal de l'accident, séparément, ou concurremment avec les maires et autres officiers de police, il en constatera les causes, et transmettra le tout au préfet du département.

En cas d'absence, les ingénieurs seront remplacés par les élèves, conducteurs et gardes-mines assermentés devant les tribunaux. Si les uns et les autres sont absents, les maires ou autres officiers de police nommeront les experts à ce connaissant, pour visiter l'exploitation et mentionner leurs dires dans un procès-verbal.

Art. 14. — Dès que le maire et autres officiers de police auront été avertis, soit par les exploitants, soit par la voix publique, d'un accident arrivé dans une mine ou usine, ils en préviendront immédiatement les autorités supérieures. Ils prendront, conjointement avec l'ingénieur des mines, toutes les mesures convenables pour faire cesser le danger et en prévenir la suite. Ils pourront, comme dans le cas de péril imminent, faire des réquisitions d'outils, chevaux, hommes, et donneront les ordres nécessaires.

L'exécution des travaux aura lieu sous la direction de l'ingénieur et des conducteurs, ou, en cas d'absence, sous la direction des experts délégués à cet effet par l'autorité locale.

Art. 15. — Les exploitants seront tenus d'entretenir sur leurs établissements, dans la proportion du nombre d'ouvriers et de l'étendue de l'exploitation, les médicaments et les moyens de secours qui leur seront indiqués par le ministre de l'intérieur, et de se conformer à l'instruction réglementaire qui sera approuvée par lui à cet effet.

Art. 16. — Le ministre de l'intérieur, sur la proposition des préfets et le rapport du directeur général des mines, indiquera celles des exploitations qui, par leur importance et le nombre des ouvriers qu'elles emploient, devront avoir et entretenir, à leurs frais, un chirurgien spécialement attaché au service de l'établissement.

Un seul chirurgien pourra être attaché à plusieurs établissements à la fois, si ces établissements se trouvent dans un rapprochement convenable ; son traitement sera à la charge des propriétaires, proportionnellement à leur intérêt.

Art. 17. — Les exploitants et directeurs des mines voisines de celle où il serait arrivé un accident fourniront tous les moyens de secours dont ils pourront disposer, soit en hommes, soit de toute autre manière, sauf le recours, pour leur indemnité, s'il y a lieu, contre qui de droit.

Art. 18. — Il est expressément prescrit aux maires et autres officiers de police de se faire représenter les corps des ouvriers qui auraient péri par accident dans une exploitation, et de ne permettre leur inhumation qu'après que le procès-verbal de l'accident aura été dressé, conformément à l'article 81 du Code civil, et sous les peines portées dans les articles 358 et 369 du Code pénal.

Art. 19. — Lorsqu'il y aura impossibilité de parvenir jusqu'au lieu où se trouvent les corps des ouvriers qui auraient péri dans les travaux, les exploitants, directeurs et autres ayants cause seront tenus de faire constater cette circonstance par le maire ou autre officier public, qui en dressera procès-verbal et le transmettra au procureur impérial, à la diligence duquel, et sur l'autorisation du tribunal, cet acte sera annexé au registre de l'état civil.

Art. 20. — Les dépenses qu'exigeront les secours donnés aux blessés, noyés ou asphyxiés, et la réparation des travaux seront à la charge des exploitants.

Art. 21. — De quelque manière que soit arrivé un accident, les ingénieurs des mines, maires et autres officiers de police transmettront immédiatement leurs procès-verbaux aux sous-préfets et aux procureurs près les tribunaux. Les procès-verbaux devront être signés et déposés dans les délais prescrits.

Art. 22. — En cas d'accidents qui auraient occasionné la perte ou la mutilation d'un ou de plusieurs ouvriers, faute de s'être conformés à ce qui est prescrit par le présent règlement, les exploitants, propriétaires et directeurs pourront être traduits devant les tribunaux, pour l'application, s'il y a lieu, des dispositions des articles 319 et 320 du Code pénal, indépendamment des dommages-intérêts qui pourraient être alloués au profit de qui de droit.

TITRE IV

DISPOSITIONS CONCERNANT LA POLICE DU PERSONNEL.

Section I. — *Des ingénieurs, propriétaires de mines, exploitants et autres préposés.*

Art. 23. — Indépendamment de leurs tournées annuelles, les ingénieurs des mines visiteront fréquemment les exploitations dans lesquelles il serait arrivé un accident ou qui exigeraient une surveillance particulière.

Les procès-verbaux seront transcrits sur un registre ouvert à cet effet dans les bureaux des ingénieurs ; ils seront en outre transmis aux préfets des départements.

Art. 24. — Les propriétaires de mines, exploitants et autres préposés fourniront aux ingénieurs et aux conducteurs tous les moyens de parcourir les travaux, et notamment de pénétrer sur tous les points qui pourraient exiger une surveillance spéciale. Ils exhiberont le plan tant intérieur qu'extérieur, et les registres de l'avancement des travaux, ainsi que du contrôle des ouvriers; ils leur fourniront tous les renseignements sur l'état d'exploitation, la police des mineurs et autres employés ; ils les feront accompagner par les directeurs et maîtres mineurs, afin que ceux-ci puissent satisfaire à toutes les informations qu'il serait utile de prendre sous les rapports de sûreté et de salubrité.

Section II. — *Des ouvriers.*

Art. 25. — A l'avenir, ne pourront être employés en qualité de maîtres mineurs ou chefs particuliers de travaux des mines ou minières, sous quelque dénomination que ce soit, que des individus qui auront travaillé comme mineurs, charpentiers, boiseurs ou mécaniciens, depuis au moins trois années consécutives.

Art. 26. — Tout mineur de profession, ou autre ouvrier employé, soit à l'intérieur, soit à l'extérieur, dans l'exploitation des mines et minières, usines et ateliers en dépendant, devra être pourvu d'un livret et se conformer aux dispositions de l'arrêté du 9 frimaire an XII.

Les registres d'ordre, sur lesquels l'inscription aura lieu dans chaque commune, seront conservés au greffe de la municipalité, pour y recourir au besoin.

Il est défendu à tout exploitant d'employer aucun individu qui ne serait pas porteur d'un livret en règle, portant l'acquit de son précédent maître.

Art. 27. — Indépendamment des livrets et registres d'inscription à la mairie, il sera tenu, sur chaque exploitation, un contrôle exact et journalier des ouvriers qui travaillent soit à l'intérieur, soit à l'extérieur des mines, minières, usines et ateliers en dépendant : ces contrôles seront inscrits sur un registre qui sera coté par le maire et paraphé par lui tous les mois.

Ce registre sera visé par les ingénieurs, lors de leur tournée.

Art. 28. — Dans toutes leurs visites, les ingénieurs des mines devront faire faire, en leur présence, la vérification du contrôle des ouvriers.

Le maire de la commune pourra faire cette vérification quand il la jugera convenable, surtout dans le moment où il y aura lieu de présumer qu'il peut y avoir quelque danger pour les individus employés aux travaux.

Art. 29. — Il est défendu de laisser descendre ou travailler dans les mines et minières les enfants au-dessous de dix ans[1].

Nul ouvrier ne sera admis dans les travaux, s'il est ivre ou en état de maladie ; aucun étranger n'y pourra pénétrer sans la permission de l'exploitant ou du directeur, et s'il n'est accompagné d'un maître mineur.

Art. 30. — Tout ouvrier qui, par insubordination ou désobéissance envers le chef des travaux, contre l'ordre établi, aura compromis la sûreté des personnes ou des choses, sera poursuivi et puni selon la gravité des circonstances, conformément à la disposition de l'article 22 du présent décret.

TITRE V

DISPOSITIONS GÉNÉRALES.

Art. 31. — Les contraventions aux dispositions de police ci-dessus, lors même qu'elles n'auraient pas été suivies d'accidents, seront poursuivies et jugées conformément au titre X de la loi du 21 avril 1810 sur les mines, minières et usines.

Art. 32. — Notre ministre de l'intérieur est chargé de l'exécution du présent décret, qui sera inséré au *Bulletin des lois*.

1. Voir plus loin : Loi du 19 mai 1874.

ORDONNANCE

Concernant les mesures à prendre lorsqu'une exploitation de mine compromettra la sûreté publique ou celle des ouvriers, la solidité des travaux, la conservation du sol et des habitations de la surface.

— 26 MARS 1843 —

CORROBORÉE PAR LA LOI DU 27 JUILLET 1880 ET APPLICABLE AUX CARRIÈRES SOUTERRAINES EN VERTU DE L'ARTICLE 82 DE LA LOI DU 21 AVRIL 1810.

1° Dans les cas prévus par l'article 50 de la loi du 21 avril 1810 et généralement lorsque par une cause quelconque l'exploitation d'une mine compromettra la sûreté publique ou celle des ouvriers, la solidité des travaux, la conservation du sol et des habitations de la surface, les concessionnaires seront tenus d'en donner immédiatement avis à l'ingénieur des mines et au maire de la commune où l'exploitation sera située.

2° L'ingénieur des mines se rendra sur les lieux, dressera procès-verbal et le transmettra au préfet en y joignant l'indication des mesures qu'il jugera propres à faire cesser la cause du danger. Le maire adressera aussi au préfet ses observations et ses propositions sur ce qui pourra concerner la sûreté des personnes et celle des propriétés. En cas de péril imminent, l'ingénieur des mines du département fera sous sa responsabilité les réquisitions nécessaires pour qu'il y soit pourvu sur-le-champ ; le tout conformément aux dispositions de l'article 5 du décret du 3 janvier 1813.

3° Le Préfet, après avoir entendu le concessionnaire, ordonnera telles dispositions qu'il appartiendra.

4° Si le concessionnaire, sur la notification qui lui sera faite de l'arrêté du préfet, n'obtempère pas à cet arrêté, il y sera pourvu d'office et à ses frais, par les soins des ingénieurs des mines.

5° Quand les travaux auront été exécutés d'office par l'administration, tous frais de confection et tous autres frais seront réglés par le préfet, le recouvrement en sera opéré par les préposés de l'administration de l'enregistrement et des domaines, comme en matière d'amendes, frais, et autres objets se rattachant à la grande voirie. Les réclamations contre le règlement de ces frais seront portées devant le conseil de préfecture, sauf recours au Conseil d'État.

6° Il sera procédé ainsi qu'il est dit aux articles 3, 4 et 5 ci-dessus, à l'égard de tout concessionnaire qui négligerait, soit d'adresser au préfet dans les délais fixés les plans de ses travaux souterrains, soit de tenir sur ses exploitations le registre et le plan d'avancement journalier des travaux, soit d'entretenir constamment sur ces établissements les médicaments et autres moyens de secours.

7° Les dispositions ci-dessus seront appliquées, sans préjudice s'il y a lieu des articles 93 et suivants de la loi du 21 avril 1810.

DÉCRET-TYPE

Portant règlement des carrières.

Le Président de la République française,

Sur le rapport du ministre des travaux publics;

. . . .

Vu l'avis du conseil général des mines, du 20 juin 1878;

Vu la loi du 21 avril 1810;

Le Conseil d'État entendu,

Décrète :

Art. 1er. — Les carrières de toute nature, ouvertes ou à ouvrir sont soumises aux mesures d'ordre et de police ci-après déterminées.

TITRE PREMIER

DES DÉCLARATIONS.

Art. 2. — Tout propriétaire ou entrepreneur qui veut continuer ou entreprendre l'exploitation d'une carrière à ciel ouvert ou par galeries souterraines, est tenu d'en faire la déclaration au maire de la commune où la carrière est située.

Art. 3. — La même obligation est imposée à tout propriétaire ou entrepreneur qui reprend l'exploitation d'une carrière abandonnée, qui veut soit appliquer à une carrière à ciel ouvert le mode d'exploitation par galeries souterraines, soit ouvrir un nouvel étage dans une carrière souterraine.

ART. 4. — La déclaration doit être faite dans les délais suivants :

1° Pour les carrières actuellement en activité et qui n'ont pas encore été l'objet d'une déclaration, dans le délai de trois mois à partir de la promulgation du présent décret;

2° Pour les carrières à ouvrir et pour les carrières abandonnées dont l'exploitation est reprise, dans la quinzaine à partir du commencement des travaux.

ART. 5. — La déclaration est faite en deux exemplaires.

Elle contient l'énonciation des nom, prénoms et demeure du déclarant et la qualité en laquelle il entend exploiter la carrière.

Elle fait connaître, d'une manière précise, l'emplacement de la carrière et sa situation par rapport aux habitations, bâtiments et chemins les plus voisins.

Elle indique la nature de la masse à extraire, l'épaisseur et la nature des terres ou bancs de rochers qui la recouvrent, le mode d'exploitation à ciel ouvert ou par galeries souterraines.

ART. 6. — Si l'exploitation doit avoir lieu par galeries souterraines, il est joint à la déclaration un plan des lieux, également en deux expéditions et à l'échelle de deux millimètres par mètre.

Sur ce plan sont indiqués les désignations cadastrales et le périmètre du terrain sous lequel l'exploitant se propose d'établir des fouilles, ainsi que de ses tenants et aboutissants; les chemins, édifices, canaux, rigoles et constructions quelconques existant sur ledit terrain dans un rayon de vingt-cinq mètres au moins; l'emplacement des orifices des puits ou des galeries projetés.

Dans le cas où il existerait des travaux souterrains déjà exécutés, il en sera fait mention dans la déclaration.

Art. 7. — Si l'exploitation est entreprise par une personne étrangère à la commune où la carrière est située, cette personne doit faire élection de domicile dans ladite commune.

Dans le cas où l'exploitation est entreprise pour le compte d'une société n'ayant pas son siège dans la commune, la société doit également faire élection de domicile dans la commune.

Le domicile élu est, dans l'un comme dans l'autre cas, indiqué dans la déclaration.

Art. 8. — Les déclarations sont classées dans les archives de la mairie. Il en est donné récépissé.

Un des exemplaires de la déclaration et, quand il s'agit de carrières souterraines, du plan qui y est joint, est transmis, sans délai, au préfet, par l'intermédiaire du sous-préfet de l'arrondissement.

Le préfet envoie ces pièces à l'ingénieur des mines, qui les conserve, et en inscrit la mention sur un registre spécial.

TITRE II

DES RÈGLES DE L'EXPLOITATION.

Section I. — *Des carrières exploitées à ciel ouvert.*

Art. 9. — Les bords des fouilles ou excavations sont établis et tenus à une distance horizontale de dix mètres au moins des bâtiments et constructions quelconques, publics et privés, des routes ou chemins, cours d'eau, canaux, fossés, rigoles, conduites d'eau, mares et abreuvoirs servant à l'usage public.

L'exploitation de la masse est arrêtée, à compter des bords de la fouille, à une distance horizontale réglée à un mètre par chaque mètre d'épaisseur des terres de recouvrement, s'il s'agit d'une masse solide, ou à un mètre par chaque mètre de profondeur totale de la fouille, si cette masse, par sa cohésion, est analogue à ces terres de recouvrement.

Toutefois cette distance peut être augmentée ou diminuée par le préfet, sur le rapport de l'ingénieur des mines, en raison de la nature plus ou moins consistante des terres de recouvrement et de la masse exploitée elle-même.

Le tout sans préjudice des mesures spéciales prescrites ou à prescrire par la législation des chemins de fer.

Art. 10. — L'abord de toute carrière située dans un terrain non clos doit être garanti, sur les points dangereux, par un fossé creusé au pourtour et dont les déblais sont rejetés du côté des travaux, pour y former une berge, ou par tout autre moyen de clôture offrant des conditions suffisantes de sûreté et de solidité.

Les dispositions qui précèdent sont applicables aux carrières abandonnées.

Les travaux de clôture sont, dans ce cas, à la charge du propriétaire du fonds dans lequel la carrière est située, sauf recours contre qui de droit.

Le tout sans préjudice du droit qui appartient à l'autorité municipale de prendre les mesures nécessaires à la sûreté publique.

Art. 11. — Les procédés d'abatage de la masse exploitée ou des terres de recouvrement, qui seraient reconnus dangereux pour les ouvriers, peuvent être interdits par des arrêtés du préfet rendus sur l'avis de l'ingénieur des mines.

Dans le tirage à la poudre et en tout ce qui concerne la conduite des travaux, l'exploitant se conformera à toutes les mesures de précaution et de sûreté qui lui seront prescrites par l'autorité.

Section II. — *Des carrières souterraines.*

Art. 12. — Aucune excavation souterraine ne peut être ouverte ou poursuivie que jusqu'à une distance horizontale de dix mètres des bâtiments et constructions quelconques, publics ou privés, des routes ou chemins, cours d'eau, canaux, fossés, rigoles, conduites d'eau, mares et abreuvoirs servant à l'usage public.

Cette distance est augmentée de un mètre par chaque mètre de hauteur de l'excavation.

Art. 13. — Les dispositions de l'article 10 sont applicables aux orifices des puits verticaux ou inclinés donnant accès dans des carrières souterraines, à moins que l'abord n'en soit suffisamment défendu par l'agglomération des déblais et l'élévation de leur plateforme.

Art. 14. — Pour tout ce qui concerne la sûreté des ouvriers et du public, notamment pour les moyens de consolidation des puits, galeries et autres exccavations, la disposition et les dimensions des piliers de masse, les précautions à prendre pour prévenir les accidents dans le tirage à la poudre, les exploitants se conformeront aux mesures qui leur seront prescrites par le préfet, sur le rapport de l'ingénieur des mines.

Art. 15. — Tout exploitant qui veut abandonner une carrière souterraine est tenu d'en faire la déclaration au préfet, par l'intermédiaire du maire de la commune où la carrière est située. Le préfet fait reconnaître les lieux par l'ingénieur des mines et prescrit, sur son rapport, les mesures qu'il juge nécessaires dans l'intérêt de la sûreté publique.

Art. 16. — Lorsque le préfet, sur le rapport de l'ingénieur des mines, constatera la nécessité de faire dresser ou compléter le plan des travaux d'une carrière souterraine, il pourra requérir l'exploitant de faire lever ou compléter le plan.

Si l'exploitant refuse ou néglige d'obtempérer à cette réquisition dans le délai qui lui aura été fixé, le plan est levé d'office, à ses frais, à la diligence de l'administration.

Section III. — *Dispositions communes aux carrières à ciel ouvert et aux carrières souterraines.*

Art. 17. — La prescription des articles 9, § 1er, et 12, § 1er, ne s'applique point aux murs de clôture autres que ceux qui enceignent des cimetières ou des cours attenant à des habitations.

Le préfet peut, sur la demande de l'exploitant, réduire la distance de dix mètres fixée par lesdits paragraphes, sauf en ce qui concerne les propriétés privées. Il statue sur le rapport de l'ingénieur des mines, après avoir pris l'avis des ingénieurs des ponts et chaussées s'il s'agit du domaine national ou départemental, celui du maire s'il s'agit du domaine communal.

En ce qui concerne les propriétés privées, la distance fixée par les mêmes paragraphes peut être réduite par le fait seul du consentement du propriétaire intéressé.

Art. 18. — L'exploitant se conformera en tout ce qui concerne le travail des enfants, filles ou femmes employés dans les carrières, aux dispositions des lois et règlements intervenus ou à intervenir.

TITRE III

DE LA SURVEILLANCE.

Art. 19. — L'exploitation des carrières à ciel ouvert est surveillée, sous l'autorité du préfet, par les maires et autres officiers de police municipale, avec le concours des ingénieurs des mines et des agents sous leurs ordres.

Art. 20. — L'exploitation des carrières souterraines est surveillée, sous l'autorité du préfet, par les ingénieurs des mines et les agents sous leurs ordres, sans préjudice de l'action des maires et autres officiers de police municipale.

Art. 21. — Les ingénieurs des mines et les agents sous leurs ordres visitent dans leurs tournées les carrières souterraines.

Ils visiteront aussi, lorsqu'ils le jugeront nécessaire ou lorsqu'ils en seront requis par le préfet, les carrières à ciel ouvert.

Les ingénieurs des mines et les agents sous leurs ordres dressent des procès-verbaux de ces visites. Ils laissent, s'il y a lieu, aux exploitants des instructions écrites pour la conduite des travaux au point de vue de la sécurité ou de la salubrité. Ils en adresssent une copie au préfet.

Ils signalent au préfet les vices d'exploitation de nature à occasionner un danger ou les abus qu'ils auraient observés dans ces visites et provoquent les mesures dont ils auront reconnu l'utilité.

Art. 22. — Dans le cas où, par une cause quelconque, la sûreté des ouvriers, celle du sol ou des habitations se trouve compromise, l'exploitant doit en donner immédiatement avis à l'ingénieur des mines ou au garde-mines, ainsi qu'au maire de la commune, s'il s'agit d'une carrière souterraine.

Dans le même cas, les exploitants de carrières à ciel ouvert préviendront le maire de la commune.

De quelque façon que le danger soit parvenu à sa connaissance, le maire en informe le préfet et l'ingénieur des mines ou le garde-mines.

Art. 23. — L'ingénieur des mines, aussitôt qu'il est prévenu, ou à son défaut le garde-mines, se rend sur les lieux, dresse procès-verbal de leur état et envoie ce procès-verbal au préfet, en y joignant l'indication des mesures qu'il juge convenables pour faire cesser le danger.

Le maire peut aussi adresser au préfet ses observations et propositions.

Le préfet ne statue qu'après avoir entendu l'exploitant, sauf le cas de péril imminent.

Art. 24. — Si l'exploitant, sur la notification qui lui est faite de l'arrêté du préfet, ne se conforme pas aux mesures prescrites dans le délai qui aura été fixé, il y est pourvu d'office et à ses frais par les soins de l'administration.

Art. 25. — En cas de péril imminent reconnu par l'ingénieur, celui-ci fait, sous sa responsabilité, les réquisitions nécessaires aux autorités locales, pour qu'il y soit pourvu sur-le-champ, ainsi qu'il est pratiqué en matière de voirie, lors du péril imminent de la chute d'un édifice.

Le maire peut, d'ailleurs, toujours prendre, en l'absence de l'ingénieur, toutes les mesures que lui paraît commander l'intérêt de la sûreté publique.

Art. 26. — En cas d'accident qui aurait été suivi de mort ou de blessures, l'exploitant est tenu d'en donner immédiatement avis à l'ingénieur des mines ou au garde-mines, ainsi qu'au maire de la commune, s'il s'agit d'une carrière souterraine.

Dans le même cas, les exploitants de carrières à ciel ouvert devront en donner immédiatement avis au maire de la commune.

De quelque façon que l'accident soit parvenu à sa connaissance, le maire en informe sans délai le préfet et l'ingénieur des mines ou le garde-mines.

Il se transporte immédiatement sur le lieu de l'événement et dresse un procès-verbal, qu'il transmet au procureur de la République et dont il envoie copie au préfet.

L'ingénieur des mines ou, à son défaut, le garde-mines se rend, dans le plus bref délai, sur les lieux. Il visite la carrière, recherche les circonstances et les causes de l'accident, dresse du tout un procès-verbal, qu'il transmet au procureur de la République et dont il envoie copie au préfet.

Il est interdit aux exploitants de dénaturer les lieux avant la clôture du procès-verbal de l'ingénieur des mines.

L'ingénieur des mines se conforme, pour les autres mesures à prendre, aux dispositions du décret du 3 janvier 1813.

Art. 27. — Les dispositions des articles 23, 24 et 25 sont applicables, à toute époque, aux carrières abandonnées dont l'existence compromettrait la sûreté publique.

Les travaux prescrits sont, dans ce cas, à la charge du propriétaire du fonds dans lequel la carrière est située, sauf son recours contre qui de droit.

Art. 28. — Lorsque des travaux ont été exécutés ou des plans levés d'office, le montant des frais est réglé par le préfet, et le recouvrement en est opéré contre qui de droit par le percepteur des contributions directes.

TITRE IV

DE LA CONSTATATION, DE LA POURSUITE ET DE LA RÉPRESSION DES CONTRAVENTIONS.

Art. 29. — Les contraventions aux dispositions du présent règlement ou aux arrêtés préfectoraux rendus en exécution de ce règlement, autres que celles prévues à l'article 32, sont constatées par les maires et adjoints, par les commissaires de police, gardes champêtres et autres officiers de police judiciaire, et concurremment par les ingénieurs des mines et les agents sous leurs ordres ayant qualité pour verbaliser.

Art. 30. — Les procès-verbaux sont visés pour timbre et enregistrés en débet. Ils sont affirmés dans les formes et délais prescrits par la loi pour ceux de ces procès-verbaux qui ont besoin de l'affirmation.

Art. 31. — Lesdits procès-verbaux sont transmis en originaux aux procureurs de la République et les contrevenants poursuivis d'office devant la juridiction compétente, sans préjudice des dommages-intérêts des parties.

Copie des procès-verbaux sont envoyées au préfet du département par l'intermédiaire de l'ingénieur en chef.

Art. 32. — Les contraventions qui auraient pour effet de porter atteinte à la conservation des routes nationales ou départementales, des chemins de fer, canaux, rivières, ponts ou autres ouvrages dépendant du domaine public, sont constatées, poursuivies et réprimées conformément aux lois sur la police de la grande voirie.

TITRE V

DISPOSITIONS GÉNÉRALES.

Art. 33. — Toutes les dispositions contraires à celles contenues dans le présent règlement sont et demeurent abrogées.

Art. 34. — Le présent décret sera inséré au *Bulletin des lois* et au *Recueil des actes administratifs* du département. Il sera publié et affiché dans toutes les communes du département.

Art. 35. — Le ministre des travaux publics est chargé de l'exécution du présent décret.

Fait à Paris, le 4 septembre 1879.

Signé : Jules GRÉVY.

Par le Président de la République :

Le Ministre de la marine et des colonies, chargé de l'intérim et du ministère des travaux publics,

Signé : Jauréguiberry.

Pour ampliation :

Pour le directeur du cabinet et du personnel :

Le Chef du Cabinet,

P. Rabel.

LOI

Relative à une révision partielle de la loi du 21 avril sur les mines.

— 27 JUILLET 1880 —

. . . .

ART. 50. — Si les travaux de recherche ou d'exploitation sont de nature à compromettre la sécurité publique, la conservation de la mine, la sûreté des ouvriers mineurs, la conservation des voies de communication, celle des eaux minérales, la solidité des habitations, l'usage des sources qui alimentent des villes, villages, hameaux et établissements publics, il y sera pourvu par le préfet.

. . . .

ART. 81. — L'exploitation des carrières à ciel ouvert a lieu en vertu d'une simple déclaration faite au maire de la commune et transmise au préfet. Elle est soumise à la surveillance de l'administration et à l'observation des lois et règlements. Les règlements généraux seront remplacés, dans les départements où ils seront en vigueur, par des règlements rendus sous forme de décrets, en Conseil d'État.

ART. 82. — Quand l'exploitation a lieu par galeries souterraines, elle est soumise à la surveillance de l'administration des mines, dans les conditions prévues par les articles 47, 48 et 50. (*Voir pour les articles* 47 *et* 48, *la loi du* 21 *avril* 1810, *que nous avons reproduite plus haut.*)

TRAVAIL DES ENFANTS

LOI

Sur le travail des enfants et filles mineures employés dans l'industrie.

— 19 MAI 1874 —

Section Ire. — *Age d'admission.* — *Durée du travail.*

ARTICLE PREMIER. — Les enfants et les filles mineures ne peuvent être employés, à un travail industriel, dans les manufactures, fabriques, usines, mines, chantiers et ateliers, que sous les conditions déterminées dans la présente loi.

ART. 2. — Les enfants ne pourront être employés par des patrons, ni être admis dans les manufactures, usines, ateliers ou chantiers avant l'âge de douze ans révolus.

Ils pourront être, toutefois, employés à l'âge de dix ans révolus dans les industries spécialement déterminées par un règlement d'administration publique, rendu sur l'avis conforme de la commission supérieure ci-dessous instituée.

ART. 3. — Les enfants, jusqu'à l'âge de douze ans

révolus, ne pourront être assujettis à une durée de travail de plus de six heures par jour, divisée par un repos.

A partir de douze ans, ils ne pourront être employés plus de douze heures par jour, divisées par des repos.

Section II. — *Travail de nuit, des dimanches et jours fériés.*

Art. 4. — Les enfants ne pourront être employés à aucun travail de nuit jusqu'à l'âge de seize ans révolus.

La même interdiction est appliquée à l'emploi des filles mineures, de seize à vingt et un ans, mais seulement dans les usines et manufactures.

Tout travail entre neuf heures du soir et cinq heures du matin est considéré comme travail de nuit.

Toutefois en cas de chômage, résultant d'une interruption accidentelle et de force majeure, l'interdiction ci-dessus pourra être temporairement levée et pour un délai déterminé par la commission locale ou l'inspecteur ci-dessous institué, sans que l'on puisse employer au travail de nuit des enfants âgés de moins de douze ans.

Art. 5. — Les enfants âgés de moins de seize ans et les filles âgées de moins de vingt et un ans ne pourront être employés à aucun travail, par leurs patrons, les dimanches et fêtes reconnues par la loi, même pour rangement de l'atelier.

Art. 6. — Néanmoins, dans les usines à feu continu, les enfants pourront être employés la nuit ou les dimanches et jours fériés aux travaux indispensables.

Les travaux tolérés et le laps de temps pendant lequel ils devront être exécutés, seront déterminés par des règlements d'administration publique.

Ces travaux ne seront, dans aucun cas, autorisés que pour des enfants âgés de douze ans au moins.

On devra, en outre, leur assurer le temps et la liberté nécessaires pour l'accomplissement des devoirs religieux.

Section III. — *Travaux souterrains.*

Art. 7. — Aucun enfant ne peut être admis dans les travaux souterrains des mines, minières et carrières avant l'âge de douze ans révolus.

Les filles et femmes ne peuvent être admises dans ces travaux.

Les conditions spéciales du travail des enfants de douze à seize ans, dans les galeries souterraines, seront déterminées par des règlements d'administration publique.

Section IV. — *Instruction primaire.*

Art. 8. — Nul enfant, ayant moins de douze ans révolus, ne peut être employé par un patron qu'autant que ses parents ou tuteur justifient qu'il fréquente actuellement une école publique ou privée.

Tout enfant admis avant douze ans dans un atelier devra, jusqu'à cet âge, suivre les classes d'une école, pendant le temps libre du travail.

Il devra recevoir l'instruction pendant deux heures au moins, si une école spéciale est attachée à l'établissement industriel.

La fréquentation de l'école sera constatée au moyen d'une feuille de présence, dressée par l'instituteur et remise chaque semaine au patron.

Art. 9. — Aucun enfant ne pourra, avant l'âge de quinze ans accomplis, être admis à travailler plus de six heures chaque jour, s'il ne justifie, par la production d'un certificat de l'instituteur ou de l'inspecteur primaire, visé par le maire, qu'il a acquis l'instruction primaire élémentaire.

Ce certificat sera délivré sur papier libre et gratuitement.

Section V. — *Surveillance des enfants. — Police des ateliers.*

Art. 10. — Les maires sont tenus de délivrer aux père, mère ou tuteur, un livret sur lequel sont portés les nom et prénoms de l'enfant, la date et le lieu de sa naissance, son domicile, le temps pendant lequel il a suivi l'école.

Les chefs d'industrie ou patrons inscriront sur le livret, la date de l'entrée dans l'atelier ou établissement, et celle de la sortie. Ils devront également tenir un registre sur lequel seront mentionnées toutes les indications insérées au présent article.

Art. 11. — Les patrons ou chefs d'industrie seront tenus de faire afficher, dans chaque atelier, les dispositions de la présente loi et les règlements d'administration publique relatifs à son exécution.

Art. 12. — Des règlements d'administration publique détermineront les différents genres de travaux, présentant des causes de danger ou excédant leurs forces, qui seront interdits aux enfants dans les ateliers où ils seront admis.

Art. 13. — Les enfants ne pourront être employés dans les fabriques et ateliers indiqués au tableau officiel des établissements insalubres ou dangereux, que sous les conditions spéciales déterminées par un règlement d'administration publique.

Cette interdiction sera généralement appliquée à toutes les opérations où l'ouvrier est exposé à des manipulations ou à des émanations préjudiciables à sa santé.

En attendant la publication de ce règlement, il est interdit d'employer les enfants âgés de moins de seize ans :

1° Dans les ateliers où l'on manipule des matières explosibles et dans ceux où l'on fabrique des mélanges détonants, tels que poudre, fulminate, etc., ou tous autres éclatant par le choc ou par le contact d'un corps enflammé ;

2° Dans les ateliers destinés à la préparation, à la distillation ou à la manipulation de substances corrosives, vénéneuses, et de celles qui dégagent des gaz délétères ou explosibles.

La même interdiction s'applique aux travaux dangereux ou malsains, tels que :

L'aiguisage ou le polissage à sec des objets en métal et des verres ou cristaux ;

Le battage ou grattage à sec des plombs carbonatés dans les fabriques de céruse ;

Le grattage à sec d'émaux à base d'oxyde de plomb dans les fabriques de verre dit *de mousseline ;*

L'étamage au mercure des glaces ;

La dorure au mercure.

Art. 14. — Les ateliers doivent être tenus dans un état constant de propreté et convenablement ventilés.

Ils doivent présenter toutes les conditions de sécurité et de salubrité nécessaires à la santé des enfants.

Dans les usines à moteurs mécaniques, les roues, les courroies, les engrenages ou tout autre appareil, dans le cas où il aura été constaté qu'ils présentent une cause de danger, seront séparés des ouvriers de telle manière que l'approche n'en soit possible que pour les besoins du service.

Les puits, trappes et ouvertures de descentes doivent être clôturés.

Art. 15. — Les patrons ou chefs d'établissement doivent, en outre, veiller au maintien des bonnes mœurs et à l'observation de la décence publique dans leurs ateliers.

Section VI. — *Inspection.*

Art. 16. — Pour assurer l'exécution de la présente loi, il sera nommé quinze inspecteurs divisionnaires. La nomination des inspecteurs sera faite par le Gouvernement, sur une liste de présentation dressée par la commission supérieure ci-dessous instituée, et portant trois candidats pour chaque emploi disponible.

Ces inspecteurs seront rétribués par l'État.

Chaque inspecteur divisionnaire résidera et exercera sa surveillance dans l'une des quinze circonscriptions territoriales déterminées par un règlement d'administration publique.

Art. 17. — Seront admissibles aux fonctions d'inspecteur, les candidats qui justifieront du titre d'ingénieur de l'État ou d'un diplôme d'ingénieur civil, ainsi que les élèves diplômés de l'École centrale des arts et manufactures et des écoles des mines.

Sont également admissibles ceux qui auront déjà rempli, pendant trois ans au moins, les fonctions d'inspecteur du travail des enfants ou qui justifieront avoir dirigé ou surveillé, pendant cinq années, des établissements industriels occupant cent ouvriers au moins.

Art. 18. — Les inspecteurs ont entrée dans tous les établissements manufacturiers, ateliers ou chantiers. Ils visitent les enfants ; ils peuvent se faire représenter le registre prescrit par l'article 10, les livrets, les feuilles de présence aux écoles, les règlements intérieurs.

Les contraventions seront constatées par les procès-verbaux des inspecteurs, qui feront foi jusqu'à preuve contraire.

Lorsqu'il s'agira de travaux souterrains, les contraventions seront constatées concurremment par les inspecteurs ou les garde-mines.

Les procès-verbaux seront dressés en double exemplaire, dont l'un sera envoyé au préfet du département et l'autre déposé au parquet.

Toutefois, lorsque les inspecteurs auront reconnu qu'il existe dans un établissement ou atelier une cause de danger ou d'insalubrité, ils prendront l'avis de la commission locale ci-dessous instituée, sur l'état de danger ou d'insalubrité, et ils consigneront cet avis dans un procès-verbal.

Les dispositions ci-dessus ne dérogent point aux règles du droit commun, quant à la constatation et à la poursuite des infractions commises à la présente loi.

Art. 19. — Les inspecteurs devront, chaque année, adresser des rapports à la commission supérieure ci-dessous instituée.

Section VII. — *Commissions locales.*

Art. 20. — Il sera institué, dans chaque département, des commissions locales, dont les fonctions seront gratuites, chargées : 1° de veiller à l'exécution de la présente loi ; 2° de contrôler le service de l'inspection ; 3° d'adresser au préfet du département, sur l'état du service et l'exécution de la loi, des rapports qui seront transmis au ministre et communiqués à la commission supérieure.

A cet effet, les commissions locales visiteront les établissements industriels, ateliers et chantiers ; elles pourront se faire accompagner d'un médecin quand elles le jugeront convenable.

Art. 21. — Le conseil général déterminera, dans chaque département, le nombre et la circonscription des commissions locales ; il devra en établir une au moins dans chaque arrondissement ; il en établira en outre, dans les principaux centres industriels ou manufacturiers, là où il le jugera nécessaire.

Le conseil général pourra également nommer un inspecteur spécial rétribué par le département ; cet inspecteur devra toutefois agir sous la direction de l'inspecteur divisionnaire.

Art. 22. — Les commissions locales seront composées de cinq membres au moins et de sept au plus, nommés par le préfet sur une liste de présentation arrêtée par le conseil général.

On devra faire entrer, autant que possible, dans chaque commission, un ingénieur de l'État ou un ingénieur civil, un inspecteur de l'instruction primaire et un ingénieur des mines dans les régions minières.

Les commissions sont renouvelées tous les cinq ans : les membres sortants pourront être de nouveau appelés à en faire partie.

Section VIII. — *Commission supérieure.*

Art. 23. — Une commission supérieure, composée de neuf membres, dont les fonctions seront gratuites, est établie auprès du ministre du commerce ; cette commission est nommée par le Président de la République ; elle est chargée :

1° De veiller à l'application uniforme et vigilante de la présente loi ;

2° De donner son avis sur les règlements à faire et généralement sur les diverses questions intéressant les travailleurs protégés ;

3° Enfin d'arrêter les listes de présentation des candidats pour la nomination des inspecteurs divisionnaires.

Art. 24. — Chaque année, le président de la commission supérieure adressera au Président de la République un rapport général sur les résultats de l'inspection et sur les faits relatifs à l'exécution de la présente loi.

Ce rapport devra être, dans le mois de son dépôt, publié au *Journal officiel*.

Le Gouvernement rendra compte, chaque année, à l'Assemblée nationale, de l'exécution de la loi et de la publication des règlements d'administration publique destinés à la compléter.

Section IX. — *Pénalités.*

Art. 25. — Les manufacturiers, directeurs ou gérants d'établissements industriels et les patrons qui auront contrevenu aux prescriptions de la présente loi et des règlements d'administration publique relatifs à son exécution, seront poursuivis devant le tribunal correctionnel et punis d'une amende de seize à cinquante francs.

L'amende sera appliquée autant de fois qu'il y a eu de personnes employées dans des conditions contraires à la loi, sans que son chiffre total puisse excéder cinq cents francs.

Toutefois la peine ne sera pas applicable si les manufacturiers, directeurs ou gérants d'établissements industriels et les patrons établissent que l'infraction à la loi a été le résultat d'une erreur provenant de la production d'actes de naissances, livrets ou certificats contenant de fausses énonciations ou délivrés pour une autre personne.

Les dispositions des articles 12 et 13 de la loi du 22

juin 1854, sur les livrets d'ouvriers, seront, dans ce cas, applicables aux auteurs de falsifications.

Les chefs d'industrie sont civilement responsables des condamnations prononcées contre leurs directeurs ou gérants.

Art. 26. — S'il y a récidive, les manufacturiers, directeurs ou gérants d'établissements industriels et les patrons seront condamnés à une amende de cinquante à deux cents francs.

La totalité des amendes réunies ne pourra toutefois excéder mille francs.

Il y a récidive lorsque le contrevenant a été frappé, dans les douze mois qui ont précédé le fait qui est l'objet de la poursuite, d'un premier jugement pour infraction à la présente loi ou aux règlements d'administration publique relatifs à son exécution.

Art. 27. — L'affichage du jugement pourra, suivant les circonstances et en cas de récidive seulement, être ordonné par le tribunal de police correctionnelle.

Le tribunal pourra également ordonner, dans le même cas, l'insertion de sa sentence, aux frais du contrevenant, dans un ou plusieurs journaux du département.

Art. 28. — Seront punis d'une amende de seize à cent francs les propriétaires d'établissements industriels et les patrons qui auront mis obstacle à l'accomplissement des devoirs d'un inspecteur, des membres des commissions, ou des médecins, ingénieurs et experts délégués pour une visite ou une constatation.

Art. 29. — L'article 463 du Code pénal est applicable aux condamnations prononcées en vertu de la présente loi.

Le montant des amendes résultant de ces condamnations sera versé au fonds de subvention affecté à l'enseignement primaire dans le budget de l'instruction publique.

Section X. — *Dispositions spéciales.*

Art. 30. — Les articles 2, 3, 4 et 5 de la présente loi sont applicables aux enfants placés en apprentissage et employés à un travail industriel.

Les dispositions des articles 18 et 25 ci-dessus seront appliquées auxdits cas, en ce qu'elles modifient la juridiction et la quotité de l'amende indiquées au premier paragraphe de l'article 20 de la loi du 22 février 1851.

Ladite loi continuera à recevoir son exécution dans ses autres prescriptions.

Art. 31. — Par mesure transitoire, les dispositions édictées par la présente loi ne seront applicables qu'un an après sa promulgation.

Toutefois, à ladite époque, les enfants déjà admis également dans les ateliers, continueront à y être employés aux conditions spécifiées dans l'article 3.

Art. 32. — A l'expiration du délai susindiqué,

toutes dispositions contraires à la présente loi seront et demeureront abrogées.

Délibéré en séances publiques, à Versailles, les 25 novembre 1872, 10 février 1873 et 19 mai 1874.

Le Président, Signé : L. BUFFET.

Les Secrétaires, Signé : FÉLIX VOISIN, FRANCISQUE RIVE, LOUIS DE SÉGUR, E. DE CAZENOVE DE PRADINE.

Le Président de la République promulgue la présente loi.

Signé : M[al] DE MAC-MAHON, duc DE MAGENTA.

Le Ministre de l'agriculture et du commerce,
Signé : L. GRIVART.

DÉCRET

Portant règlement d'administration publique pour l'exécution de l'article 7 de la loi du 19 mai 1874, relative au travail des enfants dans les mines.

— 13 MAI 1875 —

1. — La durée du travail effectif des enfants du sexe masculin de douze à seize ans dans les galeries souterraines des mines, minières et carrières ne peut excéder huit heures sur vingt-quatre heures coupées par un repos d'une heure au moins.

2. — Les enfants de douze à seize ans ne peuvent être occupés aux travaux proprement dits du mineur, tels que l'abatage, le forage, le boisage, etc.

Ils ne peuvent être occupés qu'au tirage et au chargement du minerai, à la manœuvre et au roulage des vagonnets, à la garde et à la manœuvre des postes d'aérage, à la manœuvre des ventilateurs à bras et autres travaux accessoires n'excédant pas leurs forces.

Des enfants employés à faire tourner les ventilateurs ne pourront y être occupés pendant plus de quatre heures coupées par un repos d'une demi-heure au moins.

DÉCRET

Portant règlement d'administration publique pour l'exécution de l'article 12 de la loi du 19 mai 1874, relative au travail des enfants dans les manufactures (travaux fatigants ou dangereux).

— 13 MAI 1875 —

1. — Il est interdit d'employer les enfants au-dessous de 16 ans au graissage, au nettoyage, à la visite ou à la réparation des machines ou mécanismes en marche.

Il est interdit de les employer aux mêmes opérations, lorsque les mécanismes étant arrêtés, les transmissions marchent encore, à moins que le débrayage ou le volant n'aient été préalablement calés.

2. — Il est interdit d'employer des enfants au-dessous de 16 ans dans les ateliers qui mettent en jeu des machines dont les parties dangereuses et pièces saillantes mobiles ne sont point couvertes de couvre-engrenages ou garde-mains ou autres organes protecteurs.

3. — Les enfants de douze à quatorze ans révolus ne pourront être chargés sur la tête ou sur le dos au delà du poids de 10 kilogr.

Les enfants depuis l'âge de 14 ans jusqu'à celui de 16 ans révolus ne pourront dans les mêmes conditions recevoir une charge supérieure à 15 kilogr.

4. — Il est interdit d'employer les enfants au-dessous de 16 ans à faire tourner des appareils en sautillant sur une pédale. Il est également interdit de les employer à faire tourner des roues horizontales.

5. — Les enfants au-dessous de 16 ans ne pourront être employés à tourner des roues verticales ou utilisées comme producteurs de force motrice, que pendant une durée d'une demi-journée de travail (soit 4 heures) divisée par un repos d'une demi-heure au moins.

DÉCRET

Relatif au travail des enfants.

— 31 OCTOBRE 1882 —

1. — Il est interdit d'employer les garçons de 12 à 14 ans et les filles de 12 à 16 ans à traîner des far-

deaux sur la voie publique. Les garçons et les filles au-dessus de 12 ans peuvent traîner des fardeaux dans l'intérieur des manufactures, usines, ateliers et chantiers, à la condition que le traînage sera effectué sur un terrain horizontal, et que la charge ne dépassera pas 100 kilogr., véhicule compris.

Les garçons seuls de 14 à 16 ans seront autorisés à traîner des fardeaux sur la voie publique, à la condition que la charge ne dépassera pas 100 kilogr., véhicule compris.

DYNAMITE

LOI

Sur la dynamite.

— 8 MARS 1875 —

. . . .

7. — Des autorisations pourront être accordées après avis du conseil supérieur des arts et manufactures pour la fabrication et l'emploi aux travaux de mines de composés chimiques explosibles nouveaux.

Les demandes d'autorisation devront être adressées au ministre du commerce.

8. — Tout contrevenant aux dispositions de la présente loi et aux règlements rendus pour son exécution, sera passible d'un emprisonnement d'un mois à un an, et d'une amende de 100 à 1000 fr. sous la réserve des effets de l'article 463 du Code pénal en ce qui touche la peine de l'emprisonnement.

Tout individu qui se sera soustrait par une fausse déclaration aux règlements fixant les conditions du transport et de l'emmagasinage de ces produits, sera passible des mêmes peines.

9.— Dans le cas où, pour des motifs de sécurité

publique, le Gouvernement jugerait nécessaire d'interdire d'une manière temporaire ou définitive les dépôts de dynamite, ces interdictions et suppressions peuvent être rendues par le Conseil d'État, après avoir entendu les parties, sans que les dépositaires aient le droit de demander aucune indemnité pour les dommages directs ou indirects que ces mesures pourront leur causer.

DÉCRET

Réglementant l'emploi de la dynamite.

— 24 Août 1875 —

. . . .

14. — La dynamite ne peut circuler ou être mise en vente que renfermée dans des cartouches recouvertes de papier ou parchemin non amorcées et dépourvues de tout moyen d'ignition. Ces cartouches doivent être emballées dans une première enveloppe bien étanche de carton, bois, zinc ou caoutchouc à parois non résistantes.

Les vides sont exactement remplis au moyen de sable fin ou de sciure de bois. Le tout est renfermé dans une caisse ou dans un baril en bois consolidé exclusivement au moyen de cerceaux et de chevilles en bois, et pourvu de poignées non métalliques. Chaque caisse ou baril ne peut renfermer un poids net de dynamite excédant 25 kilogr. Les emballages porteront sur toutes leurs faces, en caractères très lisibles, les mots : DYNAMITE MATIÈRE EXPLOSIVE.

Chaque cartouche sera revêtue d'une étiquette semblable.

15. — Indépendamment des mesures prescrites par le précédent article, le transport de la dynamite sur les chemins de fer ne peut avoir lieu que conformément aux règlements spéciaux arrêtés par le ministre des travaux publics. Le transport de la dynamite sur les rivières, canaux et routes de terre s'opère conformément aux règlements en vigueur pour le transport des poudres et matières dangereuses.

16. — Les dépôts et débits de dynamite sont distingués en trois catégories suivant la quantité qu'ils sont destinés à recevoir, ainsi qu'il suit :

1re catégorie, ceux qui contiennent plus de 500 kilogr. de dynamite ;

2e catégorie, ceux qui en contiennent de 5 à 50 kilogr.

3e catégorie, ceux qui en contiennent moins de 5 kilogr.

La conservation de toute quantité de dynamite est assimilée à un dépôt.

Toute demande en autorisation de dépôt ou de débit de dynamite est soumise aux formalités d'instruction prescrites pour les établissements dangereux insalubres et incommodes de 1re, 2e, 3e classe suivant la catégorie à laquelle le dépôt ou débit doit appartenir. Il est statué sur la demande dans les formes prévues par le présent décret.

Le décret d'autorisation fixera les mesures spéciales à observer et les conditions particulières à remplir pour l'installation et l'exploitation des dépôts ou débits.

DÉCRET

Tendant à réglementer l'emploi de la dynamite.

— 28 OCTOBRE 1882 —

1. — Toute personne qui voudra faire usage de dynamite, ou de tout explosif à base de nitro-glycérine, devra au préalable adresser au préfet du département où se trouve le dépôt, une déclaration écrite, visée par le maire de sa commune ou, à Paris, par le commissaire de police de son quartier.

2. — L'intéressé indiquera dans cette déclaration : 1° ses nom, prénoms, domicile et profession ; 2° la quantité de dynamite qu'il désire acheter ; 3° l'usage qu'il se propose de faire de la dynamite, ainsi que le lieu précis où elle doit être employée et la date de son emploi ; 4° l'endroit où il la déposera jusqu'au moment de l'emploi ; 5° la voie qui sera suivie pour le transport au dépôt provisoire ainsi que le délai dans lequel ce transport sera effectué.

3. — Récépissé de cette déclaration sera notifié à l'intéressé. Avis en sera donné, sans délai, à l'ingénieur en chef des mines chargé du service des mines, ou à défaut, à l'ingénieur en chef du service ordinaire des ponts et chaussées du département. Dans le cas où la dynamite devrait être transportée dans un département autre que celui où la déclaration aura été reçue, l'avis sera transmis au préfet du département.

4. — Les débitants autorisés ne délivreront de la dynamite, quelle que soit la quantité, que sur la production du récépissé de la déclaration à la préfecture. Ce récépissé sera visé par le débitant et renvoyé par lui dans les 24 heures de la livraison au préfet.

5. — La dynamite détenue par un particulier ne peut être conservée en attendant son emploi que pendant 8 jours au plus, à dater de sa réception, à moins d'une autorisation accordée dans les formes prévues par le décret du 24 août 1875 (art. 16).

6. — En cas d'autorisation, la dynamite sera emmagasinée dans un local fermé à clef. Les entrées et les sorties de dynamite seront inscrites sur un carnet. Les chiffres des entrées seront la reproduction exacte des acquits-à-caution.

7. — Les dépôts ne devront jamais contenir en même temps que la dynamite, des poudres fulminantes, c'est-à-dire susceptibles de provoquer par choc ou inflammation directe une explosion.

8. — Le signataire de la déclaration prescrite par

l'article 1er ci-dessus est tenu de rendre compte de l'emploi qu'il aura fait de la dynamite, huit jours au plus après la réception.

Le bulletin qu'il adressera à cet effet au préfet mentionnera la date et le lieu de l'emploi.

L'administration pourra toujours contrôler sur place les opérations.

9. — Des cartouches-amorces seront, dans les chantiers où il est fait usage de dynamite, confiées à la garde d'un contre-maître qui ne les remettra aux ouvriers qu'au moment de l'emploi.

10. — Un exemplaire du présent décret sera remis à chaque déclarant en même temps que le récépissé officiel de sa déclaration.

11. — Les personnes qui auront importé de la dynamite seront tenues, outre les formalités auxquelles elles sont actuellement soumises, de faire une déclaration au préfet du département lors de la réception et de remplir toutes les obligations dn présent décret.

12. — Les contraventions aux dispositions qui précèdent seront constatées par des procès-verbaux, déférées aux tribunaux compétents et punies des peines portées par l'article 8 de la loi du 8 mars 1875.

13. — Sera puni des mêmes peines tout individu porteur ou détenteur de dynamite en dehors des conditions prévues par le présent décret.

EXPROPRIATIONS

LOI

Sur les chemins vicinaux.

— 21 mai 1836 —

. . . .

14. — Toutes les fois qu'un chemin vicinal entretenu à l'état de viabilité par une commune sera habituellement ou temporairement dégradé par des exploitations de mines, de carrières ou de forêts, ou de toute entreprise appartenant à des particuliers, à des établissements publics ou à l'État, il pourra y avoir lieu à imposer aux entrepreneurs ou propriétaires, suivant que l'exploitation ou les transports auront eu lieu pour les uns ou les autres, des subventions spéciales dont la quotité sera proportionnée à la dégradation extraordinaire qui devra être attribuée aux exploitations. Ces subventions pourront, au choix des subventionnaires, être acquittées en argent ou en prestations en nature et seront exclusivement affectées à ceux des chemins qui y auront donné lieu. Elles seront réglées annuellement sur la demande des communes par les conseils de préfecture, après des expertises con-

tradictoires, et recouvrées comme en matière de contributions directes. Les experts seront nommés suivant le mode déterminé par l'article 17 ci-après. Ces subventions pourront aussi être déterminées par abonnement : elles seront réglées, dans ce cas, par le préfet en conseil de préfecture.

. . . .

17. Les extractions de matériaux, les dépôts ou enlèvements de terre, les occupations temporaires de terrains, seront autorisés par arrêtés du préfet lequel désignera les lieux : cet arrêté sera notifié aux parties intéressées au moins dix jours avant que son exécution puisse être commencée. Si l'indemnité ne peut être fixée à l'avance, elle sera réglée par le conseil de préfecture, sur le rapport d'experts nommés, l'un par le sous-préfet et l'autre par le propriétaire. En cas de discord, le tiers sera nommé par le conseil de préfecture.

18. — L'action en indemnité des propriétaires pour les terrains qui auront servi à la confection des chemins vicinaux et pour extraction de matériaux sera prescrite par le laps de deux ans.

LOI

— 3 MAI 1841 —

Expropriation pour cause d'utilité publique.

TITRE Ier

DISPOSITIONS PRÉLIMINAIRES.

ART. 1er. — L'expropriation pour cause d'utilité publique s'opère par autorité de justice.

2. — Les tribunaux ne peuvent prononcer l'expropriation qu'autant que l'utilité en a été constatée et déclarée dans les formes prescrites dans la présente loi. — Ces formes consistent : 1° dans la loi ou l'ordonnance royale qui autorise l'exécution des travaux pour lesquels l'expropriation est requise. — 2° Dans l'acte du préfet qui désigne les localités ou territoires sur lesquels les travaux doivent avoir lieu, lorsque cette désignation ne résulte pas de la loi ou de l'ordonnance royale. — 3° Dans l'arrêté ultérieur par lequel le préfet détermine les propriétés particulières auxquelles l'expropriation est applicable. — Cette application ne peut être faite à aucune propriété particulière qu'après que les parties intéressées ont été mises en état d'y fournir leurs contredits, selon les règles exprimées au titre II.

3. — Tous grands travaux publics, routes royales, canaux, chemins de fer, canalisation des rivières, bas-

sins et docks, entrepris par l'État, les départements, les communes, ou par compagnies particulières, avec ou sans péage, avec ou sans subside du Trésor, avec ou sans aliénation du domaine public, ne pourront être exécutés qu'en vertu d'une loi qui ne sera rendue qu'après une enquête administrative. — Une ordonnance royale suffira pour autoriser l'exécution des routes départementales, celle des canaux et chemins de fer d'embranchement de moins de vingt mille mètres de longueur, des ponts et de tous autres travaux de moindre importance. — Cette ordonnance devra également être précédée d'une enquête. — Ces enquêtes auront lieu dans les formes déterminées par un règlement d'administration publique.

TITRE II

DES MESURES D'ADMINISTRATION RELATIVES A L'EXPROPRIATION.

4. — Les ingénieurs ou autres gens de l'art chargés de l'exécution des travaux lèvent, pour la partie qui s'étend sur chaque commune, le plan parcellaire des terrains ou des édifices dont la cession leur paraît nécessaire.

5. — Le plan desdites propriétés particulières, indicatif des noms de chaque propriétaire, tels qu'ils sont inscrits sur la matrice des rôles, reste déposé, pendant huit jours, à la mairie de la commune où les propriétés

sont situées, afin que chacun puisse en prendre connaissance.

6. — Le délai fixé à l'article précédent ne court qu'à dater de l'avertissement, qui est donné collectivement aux parties intéressées, de prendre communication du plan déposé à la mairie. — Cet avertissement est publié à son de trompe ou de caisse dans la commune, et affiché tant à la principale porte de l'église du lieu qu'à celle de la maison commune. — Il est en outre inséré dans l'un des journaux publiés dans l'arrondissement, ou, s'il n'en existe aucun, dans l'un des journaux du département.

7. — Le maire certifie ces publications et affiches ; il mentionne sur un procès-verbal qu'il ouvre à cet effet, et que les parties qui comparaissent sont requises de signer, les déclarations et réclamations qui lui ont été faites verbalement, et y annexe celles qui lui sont transmises par écrit.

8. — A l'expiration du délai de huitaine prescrit par l'article 5, une commission se réunit au chef-lieu de la sous-préfecture. — Cette commission, présidée par le sous-préfet de l'arrondissement, sera composée de quatre membres du conseil général du département ou du conseil de l'arrondissement désignés par le préfet, du maire de la commune où les propriétés sont situées, et de l'un des ingénieurs chargés de l'exécution des travaux. — La commission ne peut délibérer valablement qu'autant que cinq de ses membres au moins

sont présents. — Dans le cas où le nombre des membres présents serait de six, et où il y aurait partage d'opinions, la voix du président sera prépondérante. — Les propriétaires qu'il s'agit d'exproprier ne peuvent être appelés à faire partie de la commission.

9. — La commission reçoit, pendant huit jours, les observations des propriétaires. — Elle les rappelle toutes les fois qu'elle le juge convenable. Elle donne son avis. — Ses opérations doivent être terminées dans le délai de dix jours; après quoi le procès-verbal est adressé immédiatement par le sous-préfet au préfet. — Dans le cas où lesdites opérations n'auraient pas été mises à fin dans le délai ci-dessus, le sous-préfet devra, dans les trois jours, transmettre au préfet son procès-verbal et les documents recueillis.

10. — Si la commission propose quelque changement au tracé indiqué par les ingénieurs, le sous-préfet devra, dans la forme indiquée par l'article 6, en donner immédiatement avis aux propriétaires que ces changements pourront intéresser. Pendant huitaine, à dater de cet avertissement, le procès-verbal et les pièces resteront déposés à la sous-préfecture, les parties intéressées pourront en prendre communication sans déplacement et sans frais, et fournir leurs observations écrites. — Dans les trois jours suivants, le sous-préfet transmettra toutes les pièces à la préfecture.

11. — Sur le vu du procès-verbal et des documents y annexés, le préfet détermine, par un arrêté motivé,

les propriétés qui doivent être cédées, et indique l'époque à laquelle il sera nécessaire d'en prendre possession. Toutefois, dans le cas où il résulterait de l'avis de la commission qu'il y aurait lieu de modifier le tracé des travaux ordonnés, le préfet surseoira jusqu'à ce qu'il ait été prononcé par l'administration supérieure. — L'administration supérieure pourra, suivant les circonstances, ou statuer définitivement ou ordonner qu'il soit procédé de nouveau à tout ou partie des formalités prescrites par les articles précédents.

12. — Les dispositions des articles 8, 9 et 10 ne sont point applicables au cas où l'expropriation serait demandée par une commune, et dans un intérêt purement communal, non plus qu'aux travaux d'ouverture ou de redressement des chemins vicinaux. — Dans ce cas, le procès-verbal prescrit par l'article 7 est transmis, avec l'avis du conseil municipal, par le maire au sous-préfet, qui l'adressera au préfet avec ses observations. — Le préfet, en conseil de préfecture, sur le vu de ce procès-verbal, et sauf l'approbation de l'administration supérieure, prononcera comme il est dit en l'article précédent.

TITRE III

DE L'EXPROPRIATION ET DE SES SUITES, QUANT AUX PRIVILÈGES, HYPOTHÈQUES ET AUTRES DROITS RÉELS.

13. — Si des biens de mineurs, d'interdits, d'absents

ou autres incapables, sont compris dans les plans déposés en vertu de l'article 5 ou dans les modifications admises par l'administration supérieure aux termes de l'article 11 de la présente loi, les tuteurs, ceux qui ont été envoyés en possession provisoire, et tous représentants d'incapables, peuvent, après autorisation du tribunal donnée sur simple requête en la chambre du conseil, le ministère public entendu, consentir amiablement à l'aliénation desdits biens. — Le tribunal ordonne les mesures de conservation ou de remploi qu'il juge nécessaires. — Ces dispositions sont applicables aux immeubles dotaux et aux majorats. — Les préfets pourront, dans le même cas, aliéner les biens des départements, s'ils y sont autorisés par délibération du conseil général ; les maires ou administrateurs pourront aliéner les biens des communes ou établissements publics, s'ils y sont autorisés par délibération du conseil municipal ou du conseil d'administration, approuvée par le préfet en conseil de préfecture. Le ministère des finances peut consentir à l'aliénation des biens de l'État, ou de ceux qui font partie de la dotation des biens de la couronne sur la proposition de l'intendant de la liste civile.

A défaut de conventions amiables, soit avec les propriétaires des terrains ou bâtiments dont la cession est reconnue nécessaire, soit avec ceux qui les représentent, le préfet transmet au procureur du roi dans le ressort duquel les biens sont situés, la loi ou l'ordonnance qui autorise l'exécution des travaux et l'arrêté mentionné en l'article 11.

14. — Dans les trois jours, et sur la production des pièces constatant que les formalités prescrites par l'article 2 du titre Ier et par le titre II de la présente loi ont été remplies, le procureur du roi requiert et le tribunal prononce l'expropriation pour cause d'utilité publique des terrains ou bâtiments indiqués dans l'arrêté du préfet. — Si, dans l'année de l'arrêté du préfet, l'administration n'a pas poursuivi l'expropriation, tout propriétaire dont les terrains sont compris audit arrêté peut présenter requête au tribunal. Cette requête sera communiquée par le procureur du roi au préfet, qui devra, dans le plus bref délai, envoyer les pièces, et le tribunal statuera dans les trois jours. — Le même jugement commet un des membres du tribunal pour remplir les fonctions attribuées par le titre IV, chapitre II, au magistrat directeur du jury chargé de fixer l'indemnité, et désigne un autre membre pour le remplacer au besoin. — En cas d'absence ou d'empêchement de ces deux magistrats, il sera pourvu à leur remplacement par une ordonnance sur requête du président du tribunal civil. — Dans le cas où les propriétaires à exproprier consentiraient à la cession, mais où il n'y aurait point accord sur le prix, le tribunal donnera acte du consentement, et désignera le magistrat directeur du jury, sans qu'il soit besoin de rendre le jugement d'expropriation, ni de s'assurer

que les formalités prescrites par le titre II ont été remplies.

15. — Le jugement est publié et affiché, par extrait, dans la commune de la situation des biens, de la manière indiquée en l'article 6. Il est en outre inséré dans l'un des journaux publiés dans l'arrondissement, ou, s'il n'en existe aucun, dans l'un de ceux du département. — Cet extrait, contenant les noms des propriétaires, les motifs et le dispositif du jugement, leur est notifié au domicile qu'ils auront élu dans l'arrondissement de la situation des biens, par une déclaration faite à la mairie de la commune où les biens sont situés; et, dans le cas où cette élection de domicile n'aurait pas eu lieu, la notification de l'extrait sera faite en double copie au maire et au fermier, locataire, gardien ou régisseur de la propriété. — Toutes les autres notifications prescrites par la présente loi seront faites dans la forme ci-dessus indiquée.

16. — Le jugement sera, immédiatement après l'accomplissement des formalités prescrites par l'article 15 de la présente loi, transcrit au bureau de la conservation des hypothèques de l'arrondissement, conformément à l'article 2181 du Code civil.

17. — Dans la quinzaine de la transcription, les privilèges et les hypothèques conventionnelles, judiciaires ou légales, seront inscrits. — A défaut d'inscription dans ce délai, l'immeuble exproprié sera affranchi de tous privilèges et hypothèques, de quelque nature

qu'ils soient, sans préjudice du droit des femmes, mineurs et interdits, sur le montant de l'indemnité, tant qu'elle n'a pas été payée ou que l'ordre n'a pas été réglé définitivement entre les créanciers. — Les créanciers inscrits n'auront, dans aucun cas, la faculté de surenchérir, mais ils pourront exiger que l'indemnité soit fixée conformément au titre IV.

18. — Les actions en résolution, en revendication, et toutes autres actions réelles, ne pourront arrêter l'expropriation ni en empêcher l'effet. Le droit des réclamants sera transporté sur le prix, et l'immeuble en demeurera affranchi.

19. — Les règles posées dans le premier paragraphe de l'article 15 et dans les articles 16, 17 et 18, sont applicables dans le cas de conventions amiables passées entre l'administration et les propriétaires. — Cependant l'administration peut, sauf les droits des tiers, et sans accomplir les formalités ci-dessus tracées, payer le prix des acquisitions dont la valeur ne s'élèverait pas au-dessus de 500 fr. — Le défaut d'accomplissement des formalités de la purge des hypothèques n'empêche pas l'expropriation d'avoir son cours; sauf, pour les parties intéressées, à faire valoir leurs droits ultérieurement, dans les formes déterminées par le titre IV de la présente loi.

20. — Le jugement ne pourra être attaqué que par la voie du recours en cassation, et seulement pour incompétence, excès de pouvoir ou excès de forme du

jugement. — Le pourvoi aura lieu, au plus tard, dans les trois jours, à dater de la notification du jugement, par déclaration au greffe du tribunal. Il sera notifié dans la huitaine, soit à la partie, au domicile indiqué par l'article 15, soit au préfet ou au maire, suivant la nature des travaux ; le tout à peine de déchéance. — Dans la quinzaine de la notification du pourvoi, les pièces seront adressées à la chambre civile de la Cour de cassation, qui statuera dans le mois suivant. — L'arrêt, s'il est rendu par défaut, à l'expiration de ce délai, ne sera pas susceptible d'opposition.

TITRE IV

DU RÈGLEMENT DES INDEMNITÉS.

CHAPITRE PREMIER

MESURES PRÉPARATOIRES.

21. — Dans la huitaine qui suit la notification prescrite par l'article 15, le propriétaire est tenu d'appeler et de faire connaître à l'administration les fermiers, locataires, ceux qui ont des droits d'usufruit, d'habitation ou d'usage, tels qu'ils sont réglés par le Code civil, et ceux qui peuvent réclamer des servitudes résultant des titres mêmes du propriétaire ou d'autres actes dans lesquels il serait intervenu ; sinon il restera seul chargé envers eux des indemnités que ces derniers pourront réclamer. — Les autres intéressés se-

ront en demeure de faire valoir leurs droits par l'avertissement énoncé en l'article 6, et tenus de se faire connaître à l'administration dans le même délai de huitaine, à défaut de quoi ils seront déchus de tous droits à l'indemnité.

22. — Les dispositions de la présente loi relative aux propriétaires et à leurs créanciers sont applicables à l'usufruitier et à ses créanciers.

23. — L'administration notifie aux propriétaires et à tous autres intéressés qui auront été désignés ou qui seront intervenus dans le délai fixé par l'article 21, les sommes qu'elle offre pour indemnités. — Ces offres sont, en outre, affichées et publiées conformément à l'article 6 de la présente loi.

24. — Dans la quinzaine suivante, les propriétaires et autres intéressés sont tenus de déclarer leur acceptation, ou s'ils n'acceptent pas les offres qui leur sont faites, d'indiquer le montant de leurs prétentions.

25. — Les femmes mariées sous le régime dotal, assistées de leurs maris, les tuteurs, ceux qui ont été envoyés en possession provisoire des biens d'un absent, et autres personnes qui représentent les incapables, peuvent valablement accepter les offres énoncées en l'article 23, s'ils y sont autorisés dans les formes prescrites par l'article 13.

26. — Le ministre des finances, les préfets, maires ou administrateurs, peuvent accepter les offres d'indemnité pour expropriation des biens appartenant à

l'État, à la couronne, aux départements, communes ou établissements publics, dans les formes et avec les autorisations prescrites par l'article 13.

27. — Le délai de quinzaine, fixé par l'article 24, sera d'un mois dans les cas prévus par les articles 25 et 26.

28. — Si les offres de l'administration ne sont pas acceptées dans les délais prescrits par les articles 24 et 27, l'administration citera devant le jury, qui sera convoqué à cet effet, les propriétaires et tous les autres intéressés qui auront été désignés, ou qui seront intervenus, pour qu'il soit procédé au règlement des indemnités de la manière indiquée au chapitre suivant. La citation contiendra l'énonciation des offres qui auront été refusées.

CHAPITRE II.

DU JURY SPÉCIAL CHARGÉ DE RÉGLER LES INDEMNITÉS.

29. — Dans sa session annuelle, le conseil général du département désigne, pour chaque arrondissement de sous-préfecture, tant sur la liste des électeurs que sur la seconde partie de la liste du jury, trente-six personnes au moins, et soixante-douze au plus, qui ont leur domicile réel dans l'arrondissement, parmi lesquelles sont choisis, jusqu'à la session suivante ordinaire du conseil général, les membres du jury spécial appelé, le cas échéant, à régler les indemnités dues

par suite d'expropriation d'utilité publique. — Le nombre des jurés désignés pour le département de la Seine sera de 600. (Mod. V. D. 3 juillet 1880.)

30. — Toutes les fois qu'il y a lieu de recourir à un jury spécial, la première chambre de la cour royale, dans les départements qui sont le siège d'une cour royale, et, dans les autres départements la première chambre du tribunal du chef-lieu judiciaire, choisit en la chambre du conseil, sur la liste dressée en vertu de l'article précédent pour l'arrondissement dans lequel ont lieu les expropriations, seize personnes qui formeront le jury spécial chargé de fixer définitivement le montant de l'indemnité, et, en outre, quatre jurés supplémentaires; pendant les vacances, ce choix est déféré à la chambre de la cour ou du tribunal chargée du service des vacations. En cas d'abstention ou de récusation des membres du tribunal, le choix du jury est déféré à la cour royale. — Ne peuvent être choisis : 1° les propriétaires, fermiers, locataires des terrains et bâtiments désignés en l'arrêté du préfet pris en vertu de l'article 11, et qui restent à acquérir. — 2° Les créanciers ayant inscription sur lesdits immeubles. — 3° Tous autres intéressés désignés ou intervenant en vertu des articles 21 et 22. — Les septuagénaires seront dispensés, s'ils le requièrent, des fonctions du jury.

31. — La liste des seize jurés et des quatre jurés supplémentaires est transmise par le préfet au sous-

préfet, qui, après s'être concerté avec le magistrat directeur du jury, convoque les jurés et les parties, en leur indiquant, au moins huit jours à l'avance, le lieu et le jour de la réunion. La notification aux parties leur fait connaître les noms des jurés.

32. — Tout juré qui, sans motifs légitimes, manque à l'une des séances ou refuse de prendre part à la délibération, encourt une amende de 100 fr. au moins et de 300 fr. au plus. — L'amende est prononcée par le magistrat directeur du jury. — Il statue en dernier ressort sur l'opposition qui serait formée par le juré condamné. —Il prononce également sur les causes d'empêchement que les jurés proposent, ainsi que sur les exclusions ou incompatibilités dont les causes ne seraient survenues ou n'auraient été connues que postérieurement à la désignation faite en vertu de l'article 30.

33. — Ceux des jurés qui se trouvent rayés de la liste par suite des empêchements, exclusions, ou incompatibilités prévus à l'article précédent, sont immédiatement remplacés par les jurés supplémentaires, que le magistrat directeur du jury appelle dans l'ordre de leur inscription. — En cas d'insuffisance, le magistrat directeur du jury choisit, sur la liste dressée en vertu de l'article 29, les personnes nécessaires pour compléter le nombre des seize jurés.

34. — Le magistrat directeur du jury est assisté, auprès du jury spécial, du greffier ou commis-greffier

du tribunal, qui appelle successivement les causes sur lesquelles le jury doit statuer, et tient procès-verbal des opérations. — Lors de l'appel, l'administration a le droit d'exercer deux récusations péremptoires; la partie adverse a le même droit. — Dans le cas où plusieurs intéressés figurent dans la même affaire, ils s'entendent pour l'exercice du droit de récusation, sinon le sort désigne ceux qui doivent en user. — Si le droit de récusation n'est point exercé, ou s'il ne l'est que partiellement, le magistrat directeur du jury procède à la réduction des jurés au nombre de douze, en retranchant les derniers noms inscrits sur la liste.

35. — Le jury spécial n'est constitué que lorsque les douze jurés sont présents. — Les jurés ne peuvent délibérer valablement qu'au nombre de neuf au moins.

36. — Lorsque le jury est constitué, chaque juré prête serment de remplir ses fonctions avec impartialité.

37. — Le magistrat directeur met sous les yeux du jury : 1° le tableau des offres et demandes notifiées en exécution des articles 23 et 24. — 2° Les plans parcellaires et les titres ou autres documents produits par les parties à l'appui de leurs offres et demandes. — Les parties ou leurs fondés de pouvoirs peuvent présenter sommairement leurs observations. — Le jury pourra entendre toutes les personnes qu'il croira pouvoir l'éclairer. — Il pourra également se transporter

sur les lieux, ou déléguer à cet effet un ou plusieurs de ses membres. — La discussion est publique, elle peut être continuée à une autre séance.

38. — La clôture de l'instruction est prononcée par le magistrat directeur du jury. — Les jurés se retirent immédiatement dans leur chambre pour délibérer, sans désemparer, sous la présidence de l'un d'eux, qu'ils désignent à l'instant même. — La décision du jury fixe le montant de l'indemnité; elle est prise à la majorité des voix. — En cas de partage, la voix du président du jury est prépondérante.

39. — Le jury prononce des indemnités distinctes en faveur des parties qui les réclament à des titres différents, comme propriétaires, fermiers, locataires, usagers et autres intéressés dont il est parlé à l'article 21. — Dans le cas d'usufruit, une seule indemnité est fixée par le jury, eu égard à la valeur totale de l'immeuble; le nu-propriétaire et l'usufruitier exercent leurs droits sur le montant de l'indemnité au lieu de l'exercer sur la chose. — L'usufruitier sera tenu de donner caution ; les père et mère ayant l'usufruit légal des biens de leurs enfants, en seront seuls dispensés. — Lorsqu'il y a litige sur le fond du droit ou sur la qualité des réclamants, et toutes les fois qu'il s'élève des difficultés étrangères à la fixation du montant de l'indemnité, le jury règle l'indemnité indépendamment de ces litiges et difficultés, sur lesquels les parties sont renvoyées à se pourvoir devant qui de

droit. — L'indemnité allouée par le jury ne peut, en aucun cas, être inférieure aux offres de l'administration, ni supérieure à la demande de la partie intéressée.

40. — Si l'indemnité réglée par le jury ne dépasse pas l'offre de l'administration, les parties qui l'auront refusée seront condamnées aux dépens. — Si l'indemnité est égale à la demande des parties, l'administration sera condamnée aux dépens. — Si l'indemnité est à la fois supérieure à l'offre de l'administration, et inférieure à la demande des parties, les dépens seront compensés de manière à être supportés par les parties et l'administration, dans les proportions de leur offre ou de leur demande avec la décision du jury. — Tout indemnitaire qui ne se trouvera pas dans le cas des articles 25 et 26 sera condamné aux dépens, quelle que soit l'estimation ultérieure du jury, s'il a omis de se conformer aux dispositions de l'article 24.

41. — La décision du jury, signée des membres qui y ont concouru, est remise par le président au magistrat directeur, qui la déclare exécutoire, statue sur les dépens, et envoie l'administration en possession de la propriété, à la charge par elle de se conformer aux dispositions des articles 53, 54 et suivants. — Ce magistrat taxe les dépens, dont le tarif est déterminé par un règlement d'administration publique. — La taxe ne comprendra que les actes faits postérieurement à l'offre de l'administration ; les frais des actes antérieurs

demeurent, dans tous les actes, à la charge de l'administration.

42. — La décision du jury et l'ordonnance du magistrat directeur ne peuvent être attaquées que par la voie du recours en cassation, et seulement pour violation du premier paragraphe de l'article 30, de l'article 31, des deuxième et quatrième paragraphes de l'article 34, et des articles 35, 36, 37, 38, 39 et 40. — Le délai sera de quinze jours pour ce recours, qui sera d'ailleurs formé, notifié et jugé comme il est dit en l'article 20; il courra à partir du jour de la décision.

43. — Lorsqu'une décision du jury aura été cassée, l'affaire sera renvoyée devant un nouveau jury, choisi dans le même arrondissement. — Néanmoins la Cour de cassation pourra, suivant les circonstances, renvoyer l'appréciation de l'indemnité à un jury choisi dans un des arrondissements voisins, quand même il appartiendrait à un autre département. — Il sera procédé, à cet effet, conformément à l'article 30.

44. — Le jury ne connaît que des affaires dont il a été saisi au moment de sa convocation, et statue successivement et sans interruption sur chacune de ces affaires. Il ne peut se séparer qu'après avoir réglé toutes les indemnités dont la fixation lui a été ainsi déférée.

45. — Les opérations commencées par un jury, et qui ne sont pas encore terminées au moment du renouvellement annuel de la liste générale mentionnée en

l'article 29, sont continuées, jusqu'à conclusion définitive, par le même jury.

46. — Après la clôture des opérations du jury, les minutes de ses décisions et les autres pièces qui se rattachent auxdites opérations sont déposées au greffe du tribunal civil de l'arrondissement.

47. — Les noms des jurés qui auront fait le service d'une session ne pourront être portés sur le tableau dressé par le conseil général pour l'année suivante.

CHAPITRE III.

DES RÈGLES A SUIVRE POUR LA FIXATION DES INDEMNITÉS.

48. — Le jury est juge de la sincérité des titres et de l'effet des actes qui seraient de nature à modifier l'évaluation de l'indemnité.

49. — Dans les cas où l'administration contesterait au détenteur exproprié le droit à une indemnité, le jury, sans s'arrêter à la contestation, dont il renvoie le jugement devant qui de droit, fixe l'indemnité comme si elle était due, et le magistrat directeur du jury, en ordonne la consignation, pour, ladite indemnité, rester déposée jusqu'à ce que les parties se soient entendues ou que le litige soit vidé.

50. — Les bâtiments dont il est nécessaire d'acquérir une portion pour cause d'utilité publique seront achetés en entier, si les propriétaires le requièrent par une déclaration formelle adressée au magistrat direc-

teur du jury, dans les délais énoncés aux articles 24 et 25. — Il en sera de même de toute parcelle de terrain qui, par suite du morcellement, se trouvera réduite au quart de la contenance totale, si toutefois le propriétaire ne possède aucun terrain immédiatement contigu, et si la parcelle ainsi réduite est inférieure à dix ares.

51. — Si l'exécution des travaux doit procurer une augmentation de valeur immédiate et spéciale au restant de la propriété, cette augmentation sera prise en considération dans l'évaluation du montant de l'indemnité.

52. — Les constructions, plantations et améliorations ne donneront lieu à aucune indemnité, lorsque, à raison de l'époque où elles auront été faites ou de toutes autres circonstances dont l'appréciation lui est abandonnée, le jury acquiert la conviction qu'elles ont été faites dans la vue d'obtenir une indemnité plus élevée.

TITRE V

DU PAIEMENT DES INDEMNITÉS.

53. — Les indemnités réglées par le jury seront, préalablement à la prise de possession, acquittées entre les mains des ayants droit. — S'ils se refusent à les recevoir, la prise de possession aura lieu après offres réelles et consignations. — S'il s'agit de travaux exécutés par l'État ou les départements, les offres réelles

pourront s'effectuer au moyen d'un mandat égal au montant de l'indemnité réglée par le jury : ce mandat délivré par l'ordonnateur compétent, visé par le payeur, sera payable sur la caisse publique qui s'y trouvera désignée. — Si les ayants droit refusent de recevoir le mandat, la prise de possession aura lieu après consignation en espèces.

54. — Il ne sera pas fait d'offres réelles toutes les fois qu'il existera des inscriptions sur l'immeuble exproprié ou d'autres obstacles au versement des deniers entre les mains des ayants droit; dans ce cas, il suffira que les sommes dues par l'administration soient consignées, pour être ultérieurement distribuées ou remises, selon les règles du droit commun.

55. — Si, dans les six mois du jugement d'expropriation, l'administration ne poursuit pas la fixation de l'indemnité, les parties pourront exiger qu'il soit procédé à ladite fixation. — Quand l'indemnité aura été réglée, si elle n'est ni acquittée, ni consignée dans les six mois de la décision du jury, les intérêts courront de plein droit à l'expiration de ce délai.

TITRE VI

DISPOSITIONS DIVERSES.

56. — Les contrats de vente, quittances et autres actes relatifs à l'acquisition des terrains, peuvent être passés dans la forme des actes administratifs; la mi-

nute restera déposée au secrétariat de la préfecture : expédition en sera transmise à l'administration des domaines.

57. — Les significations et notifications mentionnées en la présente loi sont faites à la diligence du préfet du département de la situation des biens. — Elles peuvent être faites tant par huissier que par tout agent de l'administration dont les procès-verbaux font foi en justice.

58. — Les plans, procès-verbaux, certificats, significations, jugements, contrats, quittances et autres actes faits en vertu de la présente loi, seront visés pour timbre et enregistrés gratis, lorsqu'il y aura lieu à la formalité de l'enregistrement. — Il ne sera perçu aucuns droits pour la transcription des actes au bureau des hypothèques. — Les droits perçus sur les acquisitions amiables faites antérieurement aux arrêtés de préfet seront restitués, lorsque, dans le délai de deux ans, à partir de la perception, il sera justifié que les immeubles acquis sont compris dans ces arrêtés. La restitution des droits ne pourra s'appliquer qu'à la portion des immeubles qui aura été reconnue nécessaire à l'exécution des travaux.

59. — Lorsqu'un propriétaire aura accepté les offres de l'administration, le montant de l'indemnité devra, s'il l'exige et s'il n'y a pas eu contestation de la part des tiers dans les délais prescrits par les articles 24 et 27, être versé à la Caisse des dépôts et consigna-

tions, pour être remis ou distribué à qui de droit, selon les règles du droit commun.

60. — Si les terrains acquis pour des travaux d'utilité publique ne reçoivent pas cette destination, les anciens propriétaires ou leurs ayants droit peuvent en demander la remise. — Le prix des terrains rétrocédés est fixé à l'amiable, et s'il n'y a pas accord, par le jury, dans les formes ci-dessus prescrites. La fixation par le jury ne peut, en aucun cas, excéder la somme moyennant laquelle les terrains ont été acquis.

61. — Un avis, publié de la manière indiquée en l'article 6, fait connaître les terrains que l'administration est dans le cas de revendre. Dans les trois mois de cette publication, les anciens propriétaires qui veulent réacquérir la propriété desdits terrains sont tenus de le déclarer; et, dans le mois de la fixation du prix, soit amiable, soit judiciaire, ils doivent passer le contrat de rachat et payer le prix : le tout à peine de déchéance du privilège que leur accorde l'article précédent.

62. — Les dispositions des articles 60 et 61 ne sont pas applicables aux terrains qui auront été acquis sur la réquisition du propriétaire, en vertu de l'article 50, et qui resteraient disponibles après l'exécution des travaux.

63. — Les concessionnaires des travaux publics exercent tous les droits conférés à l'administration, et seront soumis à toutes les obligations qui lui sont imposées par la présente loi.

64. — Les contributions de la portion d'immeuble qu'un propriétaire aura cédée, ou dont il aura été exproprié pour cause d'utilité publique, continueront à lui être comptées pendant un an, à partir de la remise de la propriété, pour former son cens électoral.

TITRE VII

DISPOSITIONS EXCEPTIONNELLES.

CHAPITRE PREMIER.

65. — Lorsqu'il y aura urgence de prendre possession des terrains non bâtis qui seront soumis à l'expropriation, l'urgence sera spécialement déclarée par une ordonnance royale.

66. — En ce cas, après le jugement d'expropriation, l'ordonnance qui déclare l'urgence et le jugement seront notifiés, conformément à l'article 15, aux propriétaires et aux détenteurs, avec assignation devant le tribunal civil. L'assignation sera donnée à trois jours au moins; elle énoncera la somme offerte par l'administration.

67. — Au jour fixé, le propriétaire et les détenteurs seront tenus de déclarer la somme dont ils demandent la consignation avant l'envoi en possession. — Faute par eux de comparaître, il sera procédé en leur absence.

68. — Le tribunal fixe le montant de la somme à consigner. — Le tribunal peut se transporter sur les

lieux, ou commettre un juge pour visiter les terrains, recueillir tous les renseignements propres à en déterminer la valeur, et en dresser, s'il y a lieu, un procès-verbal descriptif. Cette opération devra être terminée dans les cinq jours, à dater du jugement qui l'aura ordonnée. — Dans les trois jours de la remise de ce procès-verbal au greffe, le tribunal déterminera la somme à consigner.

69. — La consignation doit comprendre, outre le principal, la somme nécessaire pour assurer pendant deux ans le paiement des intérêts à 5 p. 100.

70. — Sur le vu du procès-verbal de consignation, et sur une nouvelle assignation à deux jours de délai au moins, le président ordonne la prise de possession.

71. — Le jugement du tribunal et l'ordonnance du président sont exécutoires sur minute et ne peuvent être attaqués par opposition ni par appel.

72. — Le président taxera les dépens, qui seront supportés par l'administration.

73. — Après la prise de possession, il sera, à la poursuite de la partie la plus diligente, procédé à la fixation définitive de l'indemnité, en exécution du titre IV de la présente loi.

74. — Si cette fixation est supérieure à la somme qui a été déterminée par le tribunal, le supplément doit être consigné dans la quinzaine de la notification de la décision du jury, et, à défaut, le propriétaire peut s'opposer à la continuation des travaux.

CHAPITRE II.

75. — Les formalités prescrites par les titres I et II de la présente loi ne sont applicables ni aux travaux militaires, ni aux travaux de la marine royale. — Pour ces travaux, une ordonnance royale détermine les terrains qui sont soumis à l'expropriation.

76. — L'expropriation ou l'occupation temporaire, en cas d'urgence, des propriétés privées qui seront jugées nécessaires, pour des travaux de fortification, continueront d'avoir lieu conformément aux dispositions prescrites par la loi du 30 mars 1831. Toutefois, lorsque les propriétaires ou autres intéressés n'auront pas accepté les offres de l'administration, le règlement définitif des indemnités aura lieu conformément aux dispositions du titre IV ci-dessus. — Seront également applicables aux expropriations poursuivies en vertu de la loi du 30 mars 1831, les articles 16, 17, 18, 19 et 20, ainsi que le titre VI de la présente loi.

77. — Les lois des 8 mars 1810 et 7 juillet 1833 sont abrogées.

DECRET

Sur les occupations de terrain et extraction de matériaux dans les carrières, pour cause d'utilité publique.

— 8 février 1868 —

Art. 1er. — Lorsqu'il y a lieu d'occuper temporairement un terrain, soit pour y extraire des terres ou des matériaux, soit pour tout autre objet relatif à l'exécution des travaux publics, cette occupation est autorisée par un arrêté du préfet indiquant le nom de la commune où le terrain est situé, les numéros que les parcelles dont il se compose portent sur le plan cadastral et le nom du propriétaire. — Cet arrêté vise le devis qui désigne le terrain à occuper, ou le rapport par lequel l'ingénieur en chef chargé de la direction des travaux propose l'occupation. — Un exemplaire du présent règlement est annexé à l'arrêté.

Art. 2. Le préfet envoie ampliation de son arrêté à l'ingénieur en chef et au maire de la commune. L'ingénieur en chef remet une copie certifiée à l'entrepreneur; le maire notifie l'arrêté au propriétaire du terrain ou à son représentant.

Art. 3. — En cas d'arrangement à l'amiable entre le propriétaire et l'entrepreneur, ce dernier est tenu de présenter aux ingénieurs, toutes les fois qu'il en est requis, le consentement écrit du propriétaire ou le traité qu'il a fait avec lui.

Art. 4. — A défaut de convention amiable, l'entrepreneur, préalablement à toute occupation du terrain désigné, fait au propriétaire ou, s'il ne demeure pas dans la commune, à son fermier, locataire ou gérant, une notification par lettre chargée indiquant le jour où il compte se rendre sur les lieux ou s'y faire représenter. Il l'invite à désigner un expert pour procéder, contradictoirement avec celui qu'il aura lui-même choisi, à la constatation de l'état des lieux. En même temps, l'entrepreneur informe par écrit le maire de la commune de la notification faite par lui au propriétaire. Entre cette notification et la visite des lieux, il doit y avoir un intervalle de dix jours au moins.

Art. 5. — Au jour fixé, les deux experts procèdent ensemble à leurs opérations contradictoires ; ils s'attachent à constater l'état des lieux, de manière que, plus tard, en rapprochant cette constatation de celle qui sera faite après l'exécution des travaux, on ait les éléments nécessaires pour évaluer la dépréciation du terrain et faire l'estimation des dommages ; ils font eux-mêmes cette estimation si l'entrepreneur et le propriétaire y consentent. — Ils dressent leur procès verbal en trois expéditions, dont l'une est remise au propriétaire du terrain, une autre à l'entrepreneur et la troisième au maire de la commune.

Art. 6. — Si, dans le délai fixé par le dernier paragraphe de l'article 4, le propriétaire refuse ou néglige de nommer son expert, le maire en désigne un d'office pour opérer contradictoirement avec l'expert de l'entrepreneur.

Art. 7. — Immédiatement après les constatations prescrites par les articles précédents, l'entrepreneur peut occuper le terrain et y commencer les travaux autorisés par l'arrêté du préfet, tous les droits du propriétaire étant réservés en ce qui concerne le règlement de l'indemnité. — Toutefois, s'il existe sur ce terrain des arbres fruitiers ou de haute futaie qu'il est nécessaire d'abattre, l'entrepreneur est tenu de les laisser subsister jusqu'à ce que l'estimation en ait été faite dans les formes voulues par la loi. En cas d'opposition de la part du propriétaire, l'occupation a lieu avec l'assistance du maire ou de son délégué.

Art. 8. — Après l'achèvement des travaux, et, s'ils doivent durer plusieurs années, à la fin de chaque campagne, il est fait une nouvelle constatation de l'état des lieux. — A défaut d'accord entre l'entrepreneur et le propriétaire pour l'évaluation partielle ou totale de l'indemnité, il est procédé conformément à l'article 56 de la loi du 16 septembre 1807.

Art. 9. — Lorsque les travaux sont exécutés directement par l'administration sans l'intermédiaire d'un entrepreneur, il est procédé comme il a été dit ci-dessus ; mais alors la notification prescrite dans l'article 4 est faite par les soins de l'ingéneur, et l'expert chargé de constater l'état des lieux contradictoirement avec celui du propriétaire est nommé par le préfet.

LOI

— 16 SEPTEMBRE 1807 —

. . . .

ART. 45. — Les terrains occupés pour prendre les matériaux nécessaires aux routes ou aux constructions publiques, pourront être payés aux propriétaires, comme s'ils eussent été payés pour la route même.

Il n'y aura à faire entrer dans l'estimation la valeur des matériaux à extraire, que dans le cas où l'on s'emparerait d'une carrière déjà en exploitation; alors lesdits matériaux seront évalués d'après leur prix courant, abstraction faite de l'existence et des besoins de la route pour laquelle ils seraient pris, ou des constructions auxquelles on les destine.

. . . .

ART. 56. — Les experts pour l'évaluation des indemnités relatives à une occupation de terrain, dans les cas prévus au présent titre, seront nommés, pour les objets de travaux de grande voirie, l'un par le propriétaire, l'autre par le préfet; et le tiers expert s'il en est besoin, sera de droit l'ingénieur en chef du département: lorsqu'il y aura des concessionnaires, un expert sera nommé par le propriétaire, un par le concessionnaire, et le tiers expert par le préfet.

Quant aux travaux des villes, un expert sera nommé par le propriétaire, un par le maire de la ville, ou de l'arrondissement pour Paris, et le tiers expert par le Préfet.

Art. 57. — Le contrôleur et le directeur des contributions donneront leur avis sur le procès-verbal d'expertise qui leur sera soumis, par le préfet, à la délibération du conseil de préfecture; le préfet pourra, dans tous les cas, faire faire une nouvelle expertise.

DÉCRET

Relatif à la conservation et l'aménagement des sources d'eaux minérales.

— 8 septembre 1856 —

. . . .

TITRE III

DE L'AUTORISATION DES TRAVAUX DANS L'INTÉRIEUR DU PÉRIMÈTRE DE PROTECTION ET DE LA CONSTATATION DES FAITS D'ALTÉRATION OU DE DIMINUTION DES SOURCES.

. . . .

Art. 14. — La demande en autorisation préalable prévue par le paragraphe 1er de l'article 3 de la loi du 14 juillet 1856[1] pour les sondages et les travaux sou-

1. La loi du 14 juillet 1856 a été donnée page 61 à l'article *Servitudes résultant du voisinage d'une source minérale.*

terrains à exécuter dans le périmètre de protection est adressée au préfet du département.

La demande est faite sur papier timbré; elle énonce les nom, prénoms et domicile du demandeur, elle est accompagnée d'un plan indiquant les dispositions des ouvrages projetés et d'un mémoire explicatif des conditions dans lesquelles ils doivent s'exécuter.

Art. 15. — Le préfet prend l'avis de l'ingénieur des mines et du médecin inspecteur; il entend le propriétaire de la source de l'exploitant, si le propriétaire n'exploite pas lui-même; il donne son avis et le transmet, avec les pièces, au ministre des travaux publics.

Le ministre statue, sur l'avis du conseil général des mines.

Art. 16. — Lorsque dans les cas prévus par le § 1er de l'article 4 de la loi du 14 juillet 1856, le propriétaire d'une source minérale demande au préfet d'interdire des travaux entrepris dans l'intérieur du périmètre de protection, le préfet commet immédiatement l'ingénieur des mines pour constater si, en effet, lesdits travaux ont pour résultat d'altérer ou de diminuer la source.

Art. 17. — L'ingénieur se transporte sur les lieux; il procède en présence des parties intéressées ou elles dûment appelées, aux opérations de jaugeage et à toutes autres qu'il juge utiles pour établir l'influence des travaux qui ont donné lieu à la réclamation sur le régime de la source, son débit et la composition de ses eaux.

Il dresse un procès-verbal détaillé, qu'il signe conjointement avec toutes les parties comparantes; il transmet ce procès-verbal, avec son avis, au préfet du département, qui statue ainsi qu'il est dit au § 2 de l'article 4 de la loi du 14 juillet 1856.

Chacune des parties intéressées peut requérir l'inscription de ses observations au procès-verbal.

Art. 18. — Il est procédé conformément aux dispositions de l'article précédent dans les cas où le propriétaire d'une source minérale déclarée d'utilité publique demande au préfet d'ordonner provisoirement en vertu de l'article 5 de la loi du 14 juillet 1856, la suspension de sondages et de travaux souterrains entrepris hors du périmètre de protection et qu'il signale comme étant de nature à altérer ou à diminuer la source.

ARRÊTS DU CONSEIL D'ÉTAT

Relatifs à différentes questions de la réglementation des carrières.

Mines. — Puits ou galeries. — Ouverture. — Distance des habitations. — Nature prévue des travaux. — Portée de l'article 11 de la loi du 21 avril 1810.

— 5 mars 1884 —

« Les articles 11 de la loi du 21 avril 1810 et de celle du 27 juillet 1880, sur les mines, qui prohibent l'ouverture des puits ou galeries dans un certain rayon des habitations s'appliquent seulement aux travaux faits à la surface, et les tribunaux saisis en vertu desdits articles, sont sans compétence pour s'occuper du mode d'exploitation intérieure et ils doivent se borner à prescrire la fermeture superficiaire des puits et galeries indûment ouverts. » (Arr. ch. des req. du 19 mai 1856.)

Travaux publics. — Dommages. — Carrière en exploitation. — Extractions antérieures. — Valeur des matériaux.

— 21 JANVIER 1882 —

« Lorsque, antérieurement à l'époque où un entrepreneur des travaux publics a été autorisé à extraire des matériaux d'une propriété, la carrière existant sur cette propriété avait été précédemment exploitée par une compagnie de chemin de fer, il n'en résulte pas que cette carrière doive être considérée comme carrière en exploitation dans le sens de l'article 55 de la loi du 16 septembre 1807, si le propriétaire n'a pas opéré lui-même des extractions pour son propre compte; par suite, il ne saurait avoir droit dans cette hypothèse à la valeur des matériaux extraits.

« Ainsi jugé sur le recours de la Compagnie des chemins de fer du Nord-Est par l'annulation d'un arrêté du conseil de préfecture du département du Pas-de-Calais, en date du 31 janvier 1879. »

Extraction de matériaux. — Pouvoir du préfet. — Moellons. — Pierres de taille. — Prix spécial. — Carrier. — Perte d'industrie. — Prix courants. — Tierce expertise.

— CONSEIL D'ÉTAT, 22 JUIN 1883 —

« Il appartient au préfet, d'autoriser en vertu de l'arrêt du conseil du 7 septembre 1755 et de la loi du 16 septembre 1807, l'occupation de terrains pour y extraire des matériaux pour l'exécution de travaux publics, et le fait qu'un tiers aurait acquis la propriété des matériaux contenus dans lesdites parcelles ne saurait faire obstacle à l'exercice de ce droit.

« Les matériaux extraits par l'entrepreneur, et utilisés par lui comme moellons, ne doivent pas être payés au prix de la pierre de taille, s'ils n'étaient pas de nature à être employés comme pierre de taille, quel qu'ait été, d'ailleurs, l'emploi qui en a été fait.

« Le carrier n'est pas fondé à demander, outre une indemnité pour la valeur des matériaux, une indemnité spéciale pour la perte de son industrie, s'il est constant qu'il a pu continuer à l'exercer.

« L'entrepreneur autorisé à extraire n'ayant pas fait d'offres, c'est avec raison que les frais d'expertise et de tierce expertise ont été mis à sa charge.

« Mais la valeur des matériaux extraits doit être augmentée, lorsqu'elle n'a pas été fixée par le conseil de préfecture d'après leur prix courant. »

Occupation temporaire. — Matériaux extraits : Fixation du prix d'après les prix courants dans le pays. — Demande d'indemnité pour privation de jouissance d'une carrière ; arrêt de l'industrie ; détournement de clientèle : pas d'exploitation régulière, rejet. — Intérêts du jour de la demande : intérêts alloués supérieurs à ceux dus. — Indemnité annuelle : compte d'une année omise ; erreur rectifiée. — Arbres abattus non remis en nature : indemnité. — Demande d'indemnité pour creusement d'un canal : écoulement naturel et suffisant des eaux ; rejet. — Frais de remise en culture : indemnité suffisante en la supposant due. — Demande d'indemnité pour retard apporté par l'occupation à des projets de construction du requérant : dommage n'ouvrant pas droit à indemnité.

— 16 NOVEMBRE 1883 —

Vu la requête... pour le sieur Lalanne... tendant à ce qu'il plaise au conseil réformer un arrêté du 4 juin 1875, par lequel le conseil de préfecture des Landes a statué sur la demande d'indemnité présentée par le requérant à raison de l'occupation de parcelles lui appartenant et de l'extraction de matériaux opérée sur une partie desdites parcelles pour l'entretien des chemins vicinaux des cantons de Soustons et de Castels. — *Ce faisant...* porter à 1 fr. 28 c. le prix du mètre cube de caillou ; accorder 10,000 fr. pour privation de jouissance des carrières ; 45 fr. pour intérêts de la première annuité du prix des matériaux extraits ; 573 fr. pour privation de jouissance des trois hectares, du 24 mai 1874 au 24 mai 1875, dire que la valeur des arbres coupés sera fixée à dire d'experts et payée à l'exposant; allouer 200 fr. pour écoulement des eaux; 2,000 fr. pour remise en culture; 2,000 fr. pour retard de construction ; le tout avec intérêts à partir du jour de la demande; condamner tout défendeur aux frais d'expertise et aux dépens.

Vu le mémoire en défense présenté : 1° pour les communes intéressées à l'entretien du chemin vicinal de grande communication n° 16; 2° pour les communes intéressées à l'entretien du chemin vicinal de grande communication n° 17 ; 3° pour les communes intéressées à l'entretien du chemin vicinal d'intérêt commun n° 5; 4° pour les communes intéressées à l'entretien du chemin vicinal d'intérêt commun n° 10 ; 5° pour la commune de Vieux-Boucieux, intéressée à l'exécution du chemin vicinal d'intérêt commun n° 10, et de divers chemins vicinaux ordinaires... tendant à ce que la requête du sieur Lalanne soit rejetée comme mal fondée et le requérant condamné aux dépens...;

Vu la loi du 16 septembre 1807, celle du 21 mai 1836, et le décret du 1er février 1868;

Sur les conclusions du sieur Lalanne tendant à ce que le prix du mètre cube de caillou soit porté à 1 fr. 28 c.; considérant qu'il résulte de l'instruction qu'en allouant un prix moyen de 3 fr. 25 c. par mètre cube de matériaux extraits de la propriété du requérant, le conseil de préfecture a fait une juste application des prix acceptés par les propriétaires voisins et courants dans le pays;

Sur les conclusions du sieur Lalanne tendant à obtenir 10,000 fr. de dommages-intérêts pour privation de jouissance de carrières situées sur des parcelles occupées par l'administration, mais non exploitées par elle: considérant que le sieur Lalanne ne justifie pas qu'il se livrât à une exploitation régulière des carrières qui ont été occupées par l'administration; que, dès lors, il n'est pas fondé à demander une indemnité pour le préjudice que lui aurait causé cette occupation en arrêtant le cours de son industrie et détournant sa clientèle;

Sur les conclusions du sieur Lalanne tendant à ce que les intérêts de la somme de 900 fr. représentant la première annuité de l'indemnité qui lui a été accordée, soient portés de 33 fr. 40 c. à 45 fr.; considérant que les intérêts ne sont dus que du jour de la demande; que les intérêts de la première annuité n'ont été demandés que le 3 mai 1873; que, par suite, ils ne sont dus que de ladite date jusqu'au 31 décembre de la même année et n'atteignent pas la somme de 30 fr.;

Considérant que le sieur Lalanne, qui reconnaît avoir reçu de ce chef 33 fr. 40 c. n'est pas fondé à se plaindre;

Sur les conclusions du sieur Lalanne tendant à obtenir l'allocation d'une indemnité de 573 fr., pour occupation de trois hectares de terrain, du 24 mai 1874 au 24 mai 1875; considérant qu'il résulte du texte même de l'arrêté attaqué que c'est par erreur que le conseil de préfecture, après avoir fixé à 573 fr., l'indemnité due pour chaque année d'occupation des terrains dont il s'agit, n'a pas fait figurer dans le compte des annuités l'année commençant au 24 mai 1874; que dès lors, il y a lieu de réparer l'omission signalée;

Sur les conclusions du sieur Lalanne tendant à ce que l'administration soit condamnée à lui rendre compte des arbres qu'elle a fait abattre sur sa propriété; considérant qu'il résulte de l'instruction que les ouvriers du service vicinal ont abattu un certain nombre d'arbres existants sur la propriété du sieur Lalanne; que, dès lors, le propriétaire est fondé à demander que l'administration soit condamnée à lui payer le prix de ceux de ces arbres dont elle ne justifiera pas lui avoir tenu compte en nature;

Sur les conclusions du sieur Lalanne tendant à obtenir 200 fr., pour le creusement d'un canal d'écoulement des eaux. Considérant qu'il résulte de l'instruction que les eaux ont leur écoulement naturel sur le chemin latéral à la voie ferrée et contigu à l'immeuble du requérant; que dès lors, il n'est pas fondé à demander 200 fr., pour creuser un canal à l'effet de les faire écouler;

Sur les conclusions du sieur Lalanne tendant à ce que l'indemnité de 200 fr., allouée pour la remise en culture des parcelles exploitées, soit portée à 2,000 fr.; considérant qu'en admettant que le sieur Lalanne fût recevable, devant le conseil de préfecture, à réclamer une somme spéciale pour frais de remise en culture des terrains où les carrières ont été exploitées par l'administration, alors qu'il était déjà indemnisé par l'allocation du prix des matériaux extraits, il résulte de l'instruction que la somme de 200 fr. est suffisante à raison du peu d'étendue de la superficie des parcelles où les extractions ont été pratiquées;

Sur les conclusions du sieur Lalanne tendant à à obtenir une indemnité de 2,000 fr. pour le dommage résultant pour lui du retard apporté, par l'occupation de son terrain, à la réalisation des projets relatifs à la construction d'une maison où il aurait établi des colons pour cultiver ses terres; considérant qu'en admettant l'existence du préjudice allégué, ce dommage n'est pas de nature à ouvrir en sa faveur le droit de réclamer une indemnité;

Art. 1er. La somme de 573 fr. est allouée au sieur Lalanne, pour privation de jouissance de trois hectares de terrain du 24 mai 1874 au 24 mai 1875, avec intérêts du jour de la demande.

Art. 2. Les experts chargés d'évaluer le cube des des matériaux extraits de la proprieté du sieur Lalanne, estimeront la valeur des arbres abattus par les agents du service vicinal sur ladite propriété, et dont l'administration ne pourra justifier avoir tenu compte en nature au propriétaire... (Arrêté réformé en ce qu'il a de contraire. Surplus des conclusions rejeté. Les communes intéressées à l'entretien des chemins vicinaux supporteront un sixième des dépens, le surplus sera à la charge du sieur Lalanne.)

Travaux publics. — Compétence. — Évocation. — Extraction de matériaux. — Arrêté signé du secrétaire général. — Caractère du travail. — Occupation indéfinie. — Expertise.

1° *Le conseil de préfecture est compétent pour déclarer si une occupation temporaire est faite régulièrement et pour l'exécution d'un travail public.*

Le conseil d'État jouit du droit d'évocation et peut statuer au fond en annulant l'arrêté du conseil de préfecture, quand l'affaire est en état:

2° *L'arrêté d'occupation temporaire peut être régulièrement signé par le secrétaire général;*

3° *L'occupation temporaire peut être autorisée au profit du concessionnaire d'un simple marché de fournitures, qnand ces fournitures sont destinées à un travail public;*

4° *L'occupation ne peut être considérée comme indéfinie, quand elle est faite à un concessionnaire dont le marché a une durée limitée. Il n'y a pas lieu pour le Conseil d'État d'ordonner une expertise pour vérifier si l'occupant s'est conformé aux conditions de l'occupation, quand le demandeur n'indique pas les points sur lesquels il y a eu faute.*

— 1er MAI 1885 —

Le Conseil d'État.

. . . .

. . . .

Vu le décret du 8 février 1868;

Vu l'arrêté du Conseil du 7 septembre 1755;

Vu l'ordonnance des 1er août-22 septembre 1820;

Vu la loi du 28 pluviôse an VIII, art. 4, et celle du 16 septembre 1807;

En ce qui touche la compétence :

Considérant que l'article 4 de la loi du 28 pluviôse an VIII attribue au conseil de préfecture la connaissance des contestations qui peuvent s'élever entre les entrepreneurs de travaux publics et les propriétaires de terrains pris ou fouillés pour l'exécution d'un travail public; que les questions soumises par le sieur Plard, au conseil de préfecture du département de la Mayenne, étaient celles de savoir si le sieur Barrié avait pu être légalement autorisé par l'arrêté du préfet de ce département, en date du 11 septembre 1880, à occuper la propriété du requérant, et si cette occupation ne constituait pas, au détriment du propriétaire, une dépossession indéfinie de ses terrains; que ces questions étaient de celles sur lesquelles il appartient aux conseils de préfecture de statuer en vertu de la disposition précitée; qu'ainsi, c'est à tort que le conseil de préfecture de la Mayenne s'est déclaré incompétent pour en connaître, et qu'il y a lieu d'annuler l'arrêté attaqué ;

Considérant que l'affaire est en état et qu'il y a lieu de statuer immédiatement au fond ;

Au fond :

Sur le moyen tiré de ce que l'arrêté pris en faveur du sieur Barrié a été signé, pour le préfet, par le secrétaire général qui n'avait pas qualité à cet effet :

Considérant qu'il résulte de l'instruction qu'en signant l'arrêté autorisant l'occupation des terrains appartenant au sieur Plard, le secrétaire général a agi en vertu d'une délégation donnée à cet effet par le préfet; qu'ainsi, le requérant n'est pas fondé à soutenir que le dit arrêté est nul comme émané d'une autorité incompétente.

Sur le moyen tiré par le requérant de ce que l'occupation de sa propriété ne pouvait être autorisée en faveur du sieur Barrié qui n'avait soumissionné qu'un marché de fournitures ;

Considérant que le porphyre de Voutré, extrait par le sieur Barrié, et pour l'enlèvement duquel les terrains appartenant au requérant ont été occupés, est destiné à l'entretien des chaussées de Paris ; qu'ainsi, par l'arrêté attaqué, le préfet de la Mayenne n'a fait qu'user du droit conféré à l'administration par l'arrêt du Conseil du 7 septembre 1755 de désigner les lieux où les matériaux employés à l'entretien des chaussées de Paris pourraient être extraits et les terrains dont l'occupation serait nécessaire pour effectuer ce travail;

Sur le moyen tiré de ce que l'occupation des terrains dont il s'agit constituerait au détriment du requérant une dépossession indéfinie de sa propriété :

Considérant qu'il résulte de l'instruction que l'occupation des terrains appartenant au sieur Plard a été autorisée par arrêté en date du 11 septembre 1880, en vue de l'exécution d'un marché dont la durée expire le 1er juillet 1884, et qu'ainsi elle n'a pas le caractère d'une occupation indéfinie;

Sur les conclusions subsidiaires du sieur Plard, tendant à ce qu'il soit procédé à une expertise à l'effet de rechercher si l'entrepreneur s'est renfermé dans les limites de son autorisation;

Considérant que le requérant n'articule aucun fait d'où il résulte que le sieur Barrié ne se soit pas conformé à l'autorisation qui lui a été conférée; qu'ainsi, en l'état, il n'y a pas lieu de statuer sur les conclusions du sieur Plard, ci- dessus énoncées;

Décide :

Article premier. — L'arrêté ci-dessus visé du conseil de préfecture de la Mayenne en date du 17 novembre 1882 est annulé.

Art. 2. — Les conclusions du sieur Plard sur le fond sont rejetées.

Conseil de préfecture de Seine-et-Marne

— 29 NOVEMBRE 1882. —

Vu le mémoire, enregistré au greffe du Conseil, le 16 mai 1882, par lequel Me Parmentier, avoué à Meaux, demande, au nom du sieur Nondin, propriétaire, demeurant à Dammartin, l'annulation de l'arrêté préfectoral en date du 2 mai 1882, autorisant le sieur Vincent, adjudicataire des travaux d'entretien de la route nationale n° 2 et du chemin de grande communication n° 13, à occuper temporairement un terrain appartenant audit sieur Nondin et situé à Dammartin, lieux dits « la Garenne et le Patis, » section B et nos 2 P et 3 P de la matrice cadastrale, et d'une contenance de 1 hectare 34 ares 28 centiares, ladite demande fondée sur ce que ledit terrain est en nature de jardin potager et verger ; qu'il est clos par un treillage et par une haie sèche dont la hauteur est de 1 mètre 60 centimètres, et qu'il renferme une grange avec une cave et un hangar, dépendances de l'habitation personnelle du sieur Nondin, dont ils ne sont séparés que par une rue ; que ledit terrain doit, en conséquence, être rangé parmi ceux que l'arrêt du Conseil du 7 septembre 1755 exempte de la servitude d'extraction ;

Vu, etc... ;

Considérant qu'aux termes de l'arrêt du Conseil du 7 septembre 1755, les entrepreneurs de travaux publics ne peuvent prendre des matériaux pour l'exécution des travaux dont ils sont adjudicataires dans les lieux qui sont fermés de murs ou autre clôture équivalente suivant les usages du pays; que cette exemption, stipulée en faveur des lieux fermés, doit, d'après l'arrêt du Conseil du 20 mars 1790 s'entendre des cours, jardins, vergers et autres possessions de ce genre;

Considérant qu'il résulte de l'instruction qu'une partie du terrain du sieur Nondin désigné par le devis est en jardin potager et que l'autre partie est en nature de pré, plantés d'arbres fruitiers et autres; que ce même terrain est clos par un treillage de 1 mètre 50 centimètres de hauteur, formé de branches d'accacias fendues et reliées à la partie haute par un fil de fer; qu'il supporte un bâtiment d'exploitation dépendant de la maison d'habitation du propriétaire, et qu'il n'est séparé du terrain servant d'emplacement à ladite maison que par un chemin vicinal; que, dès lors, il se trouve dans les conditions exigées par les arrêts du Conseil des 7 septembre 1755 et 20 mars 1780 pour être affranchi de la servitude établie par ces arrêts sur les terrains contenant des matériaux propres aux travaux publics; que, dans ces circonstances, c'est à tort que le sieur Vincent a été autorisé à occuper temporairement ledit terrain, et qu'il y a lieu, en conséquence, de prononcer l'annulation de l'arrêté d'occupation susvisé;

L'arrêté du préfet de Seine-et-Marne, en date du 2 mai 1882, qui a autorisé le sieur Vincent à occuper temporairement le terrain appartenant au sieur Nondin et sis à Dammartin, section B, n°s 2 P et 3 P, est annulé.

ANNEXES

MODÈLE

DE

Déclaration de Carrière à ciel ouvert.

Je soussigné, [1] demeurant à , déclare à M. le Maire de [2] , conformément à la loi du 27 juillet 1880, que j'ai l'intention de [3] dans sa commune, au lieu dit l'exploitation à ciel ouvert d'une carrière de [4] située à mètres de [5]

La masse à extraire a mètres d'épaisseur et les terres de recouvrement qui ont mètres d'épaisseur se divisent ainsi qu'il suit [6] :

(Je fais élection de domicile chez M. ; habitant la commune [7]).

Fait double à , le

(*Signature.*)

1. Nom et prénoms.
2. Nom de la commune où se trouve la carrière.
3. *Commencer* ou *continuer* suivant les cas.
4. Nature de la substance à exploiter.
5. Indiquer la situation de la carrière par rapport aux habitations, bâtiments et chemins voisins dans un rayon de 25 mètres.
6. Indiquer la nature et l'épaisseur des diverses couches de recouvrement.
7. Ce paragraphe est à supprimer si l'exploitant habite la commune.

MODÈLE

DE

Déclaration de Carrière souterraine.

Je soussigné, [1] demeurant à , déclare à M. le Maire de [2] que j'ai l'intention de [3] dans sa commune, au lieu dit l'exploitation par galeries souterraines, d'une carrière de [4] située à mètres de [5]

La masse à extraire se trouve à mètres de profondeur, et les terres de recouvrement ayant une épaisseur de mètres, se décomposent ainsi qu'il suit [6] :

(Je fais élection de domicile chez M. , habitant la commune [7].)

La présente déclaration faite en exécution des articles 2, 3, 4, 5 et 6 de la loi du 27 juillet 1880.

Le plan de l'exploitation est joint à la présente en double expédition.

A , le

(*Signature.*)

1. Nom et prénoms.
2. Nom de la commune où est située la carrière.
3. *Commencer* ou *continuer* suivant le cas.
4. Nature de la substance à exploiter.
5. Indiquer la situation de la carrière par rapport aux bâtiments, habitations, chemins voisins dans un rayon de 25 mètres.
6. Indiquer la nature et l'épaisseur de chacune des couches de recouvrement.
7. A supprimer si l'exploitant habite la commune.

MODÈLE

DE

Récépissé de déclaration de Carrière

A REMETTRE AUX INTÉRESSÉS.

Je soussigné, Maire de la commune de reconnais que le Sieur [1] la commune, m'a remis aujourd'hui une déclaration faisant connaître son intention de [2] dans la commune, au lieu dit , l'exploitation d'une carrière de [3]

L'exploitation se fera [4]

(Le plan de l'exploitation est joint à la déclaration, en double expédition [5].)

La déclaration est faite en double exemplaire, dont l'un sera classé dans les archives de la Mairie, et dont je transmettrai l'autre à M. le Préfet.

A , le

Le Maire de

Signé :

1. Habitant, ou ayant fait élection de domicile chez le sieur , habitant la commune, suivant le cas.
2. *Commencer* ou *continuer*, suivant le cas.
3. Nature de la masse à exploiter.
4. A ciel ouvert, ou par galeries souterraines, suivant le cas.
5. A supprimer si la carrière est à ciel ouvert.

PROJET

DE

Convention entre exploitant et ouvrier.

(*A faire sur une feuille de timbre de* 0 *fr.* 60 *c.*)

Entre les soussignés,

Le sieur exploitant de carrières demeurant à d'une part;

Et le sieur ouvrier carrier demeurant à d'autre part;

Il a été convenu ce qui suit:

Le sieur s'engage à travailler dans la carrière dite appartenant au sieur et dans l'emplacement qui lui sera indiqué par le sieur ou son représentant.

L'exploitation aura lieu par banquettes de mètres de hauteur sur mètres de largeur. Elle sera continuée dans ces conditions, régulièrement et avec le plus grand soin.

Le découvert sera toujours fait d'avance, sur une largeur de mètres.

[1] (Le sieur est tenu de choisir et d'acheter à ses risques et périls les bois nécessaires aux étayages des puits, galeries et excavations. Le prix de ces bois ainsi que le montant du prix de transport à la carrière, lui sera rem-

1. A supprimer s'il s'agit de carrière à ciel ouvert ou suivant le cas.

boursé par le sieur exploitant, sur le vu de factures régulières.)

Le sieur déclare connaître les arrêtés et règlements sur les carrières et s'oblige à s'y conformer aux lieu et place du sieur sous peine d'être responsable des procès et condamnations qui pourraient résulter de leur inexécution.

Il reconnaît que l'état de la carrière est conforme aux règlements.

Il devra en outre se conformer au règlement particulier de l'exploitation dont il déclare avoir connaissance.

Le prix fixé pour l'extraction est de par mètre cube.

Fait double à le mil huit cent

(Signature des contractants.)

PROJET

DE

Règlement de Carrière.

Article 1er. — La journée de travail commence à heures du matin, pour se terminer à heures du soir.

Les enfants de 12 à 16 ans travailleront de 8 à 11 heures du matin et de 1 à 5 heures du soir.

Aucun travail de nuit ne pourra être exécuté dans l'exploitation, sans l'autorisation du surveillant général.

Art. 2. — *Le surveillant général* est chargé de la direction de tous les chantiers. Il doit visiter chaque chantier au moins une fois par jour. Il représente l'exploitant à qui il devra, s'il y a lieu, signaler dans un rapport journalier tous les faits qu'il pourra relever dans l'intérêt de la sécurité et de la bonne conduite de l'exploitation.

Art. 3. — Il est chargé de la police de l'exploitation au point de vue de l'ordre et de la bonne exécution du travail.

Il a le droit d'interdire l'accès des chantiers ou de prononcer l'exclusion immédiate et momentanée de tout ouvrier qui, par sa conduite, attenterait à la sûreté de ses camarades ou au principe d'autorité. Il ne renverra ou ne recevra toutefois un ouvrier d'une façon définitive qu'après avoir pris les ordres de l'exploitant.

Art. 4. — Il arrive le premier à l'exploitation et commence immédiatement la visite des chantiers en procédant par ceux qui présentent plus particulièrement du danger.

Art. 5. — Chaque chantier est dirigé par un contremaître. Les contremaîtres sont sous les ordres du surveillant général auquel ils signalent immédiatement toutes les menaces de danger et les accidents qui peuvent se produire dans leur chantier.

Art. 6. — Les contremaîtres ne doivent abandonner leur poste, sous aucun prétexte, si ce n'est pour prévenir le surveillant général des faits graves qui peuvent brusquement survenir pendant la période de travail.

Art. 7. — Ils se tiennent dès l'arrivée des ouvriers à l'entrée de leur chantier, veillent au bon ordre, empêchent les rassemblements sans cause légitime, interdisent l'entrée de l'exploitation aux ouvriers en état d'ivresse. Ils ne doivent quitter leur poste qu'après le départ du dernier ouvrier.

Art. 8. — Dès leur arrivée au chantier, les contremaîtres doivent examiner les précautions et les réparations à ordonner aux ouvriers avant la reprise du travail.

En même temps ils inscrivent sur leur calepin de marque la quantité de travail fait la veille par les ouvriers à la tâche, et la journée des manœuvres. Ils notent les absents. Ils surveillent le travail en général et ses divers détails. Leur attention se portera particulièrement sur les points suivants :

1° Faire laisser à la distance et aux dimensions voulues les piliers de consolidation nécessaires au soutènement du toit et du faux toit.

2° Faire boiser quand cela sera nécessaire, et avoir toujours bien soin que les étais soient d'une solidité et en nombre suffisants.

Veiller à ce qu'il y ait toujours à portée du chantier une quantité de bois et de croûtes suffisante pour parer au besoin à un danger immédiat.

Art. 9. — Les contremaîtres maintiendront les piqueurs ans la direction déterminée et tiendront surtout la main à ce que la largeur et la hauteur réglementairement fixées pour les galeries ne soient jamais dépassées.

Art. 10. — Aucun ouvrier ne devra s'absenter un seul jour, pour quelque cause que ce soit, sans avoir prévenu le surveillant général.

Art. 11. — Tout ouvrier qui dénoterait trop d'imprudence ou trop de témérité serait sérieusement réprimandé. S'il continuait à compromettre la sécurité ou la vie de ses camarades, il serait renvoyé de l'exploitation.

Art. 12. — Aucun ouvrier ne pourra abandonner définitivement l'exploitation, sans donner ou recevoir sa huitaine, sauf les cas prévus par la loi.

Art. 13. — Une équipe spéciale est chargée de l'entretien des puits et galeries de l'exploitation, de l'enlèvement des déblais, du remblayage des chantiers dont l'exploitation est terminée; elle veille tout particulièrement à ce que les bois sages et piliers anciens soient toujours en parfait état de solidité. Elle remédie à leur affaiblissement par une consolidation ou un remplacement immédiats.

Art. 14. — Le chef de l'équipe d'entretien veillera à ce que toutes les voies de roulage soient constamment entretenues en parfait état d'entretien et à ce qu'elles ne soient jamais encombrées.

Art. 15. — Les chaînes ou câbles des puits ou plans inclinés devront être tenus en parfait état et visités au moins tous les huit jours par le surveillant général. Ils devront être remplacés dès qu'il y remarquera trace d'usure, afin d'éviter les ruptures.

Art. 16. — Chaque contremaître est chargé dans son chantier du tirage à la poudre ou à la dynamite.

Pour le tirage à la dynamite, il se conformera scrupuleusement à la note affichée dans l'intérieur des chantiers.

Pour le tirage à la poudre, il se conformera scrupuleusement aux prescriptions suivantes :

Chaque matin il demandera au surveillant général la quantité de poudre nécessaire à son chantier pendant la journée. Il remettra le soir au surveillant général la quantité qui n'aura pas été utilisée.

Il en sera de même pour les cartouches, mèches, etc.

Il remettra lui-même ces objets aux ouvriers chargés de les utiliser et ne leur en fera la distribution qu'au fur et à mesure de leur emploi.

Il ne se servira jamais de bourroirs en fer.

Les bourres seront faites par lui, jour par jour, en terre grasse, et le plus soigneusement possible avec des substances ne contenant ni grès, ni quartz, ni silex.

Elles seront constamment tenues dans une légère humidité.

La poudre devra toujours être en cartouches enveloppées de papier. Elle ne sera jamais versée dans le trou de mine, mais descendue dans sa cartouche et celle-ci devra être pressée doucement avec le bourroir.

On ne devra jamais essayer de débourrer un coup raté ni retirer une cartouche engagée qui ne peut avancer librement. Si le fait se produit, le trou sera aussitôt noyé, et le nouveau ne devra pas être percé à moins de 20 centimètres de distance du premier.

Les trous étant bourrés, ce sera le contremaître lui-même qui placera la mèche et y mettra le feu.

On ne devra pas revenir sur une mine ratée, isolée ou faisant partie d'une série de coups, sans avoir laissé écouler un délai d'une heure au moins.

Le tirage des mines devra se faire à la fin de la demi-journée autant que possible et le surveillant général devra en être prévenu afin d'empêcher l'accès du lieu de la mine à plus de 100 mètres.

Les mines seront recouvertes de fascines et les ouvriers devront être abrités complètement ou éloignés à une distance de 100 mètres au moins, avant que le contremaître n'allume la mèche.

Art. 17. — Aucune liqueur alcoolique autre que le vin nécessaire au repas ne sera tolérée dans l'intérieur des chantiers.

TABLE DES MATIÈRES

EXPLOITATION

Propriété.

Exploitation.

Servitudes.

RÉGLEMENTATION

ANNEXES

Nancy, imprimerie Berger-Levrault et Cie.

www.ingramcontent.com/pod-product-compliance
Ingram Content Group UK Ltd.
Pitfield, Milton Keynes, MK11 3LW, UK
UKHW012213240726
13966UKWH00002B/721